W0311325

Karla Wege

Wetter

Franckh-Kosmos

Einführung

Die Geschichte der Meteorologie ist so alt wie die Menschheit. Bei archäologischen Grabungen im Zweistromland – Mesopotamien – fand man Tonscherben mit Keilschriften, die zeigten, daß man versuchte, aus Beobachtungen der Sternbilder und aus optischen Himmelserscheinungen auf künftiges Wetter zu schließen. Da noch kein physikalisches Wissen vorhanden war, mußte die Vorhersage zum Scheitern verurteilt sein. Die Götter wurden als Wetterlenker eingesetzt.

Aus der griechischen Mythologie ist bekannt, daß Zeus als Göttervater auch für das Wetter zuständig war. Sein Zorn entlud sich in Blitzen, und entstanden bei einem Gewitter Brände, wurden sie als Strafe der Götter angesehen. Die Griechen als seefahrendes Volk mußten sich auch mit Poseidon, dem Gott des Meeres – also auch des Windes und der Wellen – gutstellen.

Der griechische Philosoph Aristoteles faßte im 4. Jahrhundert vor Christi alle bis dahin bekannten Philosophien über die vier Grundelemente Erde, Feuer, Wasser und Luft zusammen in einem Buch mit dem Titel „Meteorologica“: Die Lehre von dem, was in der Luft ist. Die Gestirne wurden mit dem Wetter nicht mehr in Zusammenhang gebracht. Nur die Kometen wurden noch erwähnt, da sie als Ausdünstung der Erde galten. Meßtechnisch war nur der Wind zu erfassen. Dazu hatten die Griechen in Athen den „Turm der Winde“ am Rande der Agora gebaut. Ein Oktogon, das auf jeder Seite den für den jeweiligen Wind zuständigen Gott darstellte. Die Windfahne auf dem Dach des Turmes zeigte die Windrichtung an. Gleichzeitig war dieser Turm auch eine Normaluhr. Im Inneren befand sich ein Wassertank, der sich im Laufe eines Tages leerte. Der von außen sichtbare Wasserstandsanzeiger gab die Uhrzeit an.

Genau wie die Lehre von den Pflanzen, Tieren und Mineralien gehört auch die Meteorologie zu den Naturwissenschaften. Sie ist eng mit der Physik verbunden und müßte eigentlich „Physik der Atmosphäre“ heißen.

Es ist nicht verwunderlich, daß man erst mit der Entwicklung technischer Hilfsmittel den Geheimnissen des Wetters mehr und mehr auf die Spur kam und auch auf dem Gebiet der Meteorologie die Unwissenheit des Mittelalters überwinden konnte. Der Irrglaube, die Sterne hätten etwas mit dem Geschehen auf der Erde zu tun, veranlaßte sogar noch J. Kepler (1571 – 1630), den Begründer der

Einige Wetterkartensymbole

- wolkenlos
- 1/4 bedeckt, heiter
- 1/2 bedeckt } wolkig
- 3/4 bedeckt; } wolkig
- ganz bedeckt
- „trockener" Dunst
- „feuchter" Dunst
- flacher Bodennebel
- Nebel (Sicht unter 1 km)
- Staub- oder Sandsturm
- Schneetreiben
- Regen
- Nieseln (Sprühregen)
- Niederschlag in der Umgebung
- Schnee
- Schneeregen
- Schauer
- Graupel
- Hagel
- Gewitter
- Wetterleuchten
- nach Regen
- nach Schauer
- nach Gewitter
- Warmfront
- Kaltfront
- Okklusion

Windgeschwindigkeiten

- windstill
- 1-2 Kn (bis ca. 4 km/h)
- 5 Kn (ca. 9 km/h)
- 10 Kn (ca. 19 km/h)
- 20 Kn (ca. 37 km/h)
- 45 Kn (ca. 83 km/h)
- 50 Kn (ca. 93 km/h) usw.

Einige Wolkensymbole

- Cirrus (Hohe Eiswolken, häufig hakenförmig)
- Cirrostratus (Hohe Eiswolken, schleierförmig)
- Cirrocumulus (Hohe, bällchenartige Eiswolken, "Schäfchenwolken")
- Altostratus (Mittelhohe, dünne Schichtwolken aus Eis und Wasser, "Mischwolken")
- Nimbostratus (Dunkle, dichte Schichtwolken aus Eis und Wasser)
- Altocumulus (Mittelhohe "Schäfchenwolken" aus Wasser)
- Altocumulus lenticularis (Linsenförmige Wolken aus unterkühltem Wasser, "Föhnfische")
- Stratocumulus (Niedrige, schichtartig angeordnete kleine Quellwolken aus Wasser)
- Stratus (Tief herabreichende Schichtwolken, geschlossene, meist dunkle Wolkendecke)
- Cumulus humilis ("Schönwetter"-Haufenwolken)
- Cumulus congestus (Höher aufquellende Haufenwolken)
- Cumulonimbus (Schauerwolken oder Gewitterwolken, im oberen Teil aus Eis)

modernen Astronomie, Wetterprognosen mit Hilfe der Sternkunde zu versuchen. Der erste Schritt zur Erforschung der Atmosphäre war die Erfindung des Barometers durch E. Torricelli und des Thermometers durch G.

Turm der Winde in Athen

Galilei im 17. Jahrhundert. Bis allerdings das erste meteorologische Beobachtungsnetz aufgebaut wurde, dauerte es noch mehr als 100 Jahre. 1781 gründete der Geistliche Rat Johann Jakob Hemmer, Beichtvater des Kurfürsten Karl Theodor von der Pfalz, im Rahmen der „Societas Meteorologica Palatina" 39 meteorologische Beobachtungsstationen. Sie reichten vom Ural bis nach Nordamerika und von Grönland bis zum Mittelmeer. Beamte, Lehrer, Ärzte und Pfarrer wurden angewiesen, jeden Tag um 7, 14 und 21 Uhr mittlerer Ortszeit Luftdruck, Temperatur und Luftfeuchtigkeit zu messen. Sie bekamen alle die gleichen Meßinstrumente und eine Beobachtungsanleitung. Außerdem mußten sie Blüte und Reife von Nutz- und Wildpflanzen, ihren Schädlingsbefall u. ä. erfassen.

Noch heute werden alle Klimabeobachtungen nach diesem Zeitplan abgewickelt. So richtig hatte Hemmer schon geplant. Aber sein Tod und die Französische Revolution brachten 1795 das Ende der „Societas Meteorologica Palatina". Übrig blieben 12 stattliche Jahrbücher

mit den Beobachtungsdaten von 32 Stationen der Jahre 1781 – 1792. Die einzige Station, die ohne Unterbrechung bis auf den heutigen Tag meteorologische Messungen durchführt – anfangs ein Kloster der Augustiner Chorherren, heute Observatorium des Deutschen Wetterdienstes – befindet sich auf dem Hohen Peißenberg in Oberbayern und ist damit die älteste Wetterstation der Welt auf einem Berg.
Die 12jährigen Beobachtungen waren für viele Jahre die einzige Quelle für Forschungen. So versuchte damit Alexander von Humboldt eine Temperaturverteilung Europas zu erstellen. H. W. Brandes in Leipzig veröffentlichte 1826 mit diesen Daten die ersten Wetterkarten und entdeckte dabei die Bewegungen von Hoch- und Tiefdruckgebieten.
Aber der wirkliche Durchbruch erfolgte erst, als auf der Weltausstelllung 1851 in London der Morse-Telegraph vorgestellt wurde. Zur Demonstration wurden Wettermeldungen aus allen Teilen des Landes in das Ausstellungsgebäude übermittelt – zur großen Überraschung der Besucher. Erst durch den Einsatz der Telegraphie konnte man an ein großräumiges Wetterbeobachtungsnetz und an einen raschen internationalen Austausch von Daten denken.
Leider mußte aber erst ein Unglück den endgültigen Anstoß für die Gründung einer „Internationalen Meteorologischen Organisation" (sie erfolgte in Wien 1873) geben. Am 14. November 1854 ging im Schwarzen Meer das französische Linienschiff „Henry IV" bei einem Sturm unter. Eine Untersuchung ergab, daß dieses Sturmfeld quer durch Europa gezogen war und es an Hand telegraphischer Berichte möglich gewesen wäre, das Unwetter im Schwarzen Meer vorherzusagen. Am 1. Januar 1876 wurde in Hamburg durch kaiserliches Dekret die Deutsche Seewarte als „Reichsanstalt für maritime Meteorologie und Wettertelegraphie zum Vorteil der Deutschen Küste" ins Leben gerufen.
Heute sind die nationalen Staaten in der „Weltorganisation für Meteorologie" zusammengeschlossen, die ein Teil der UNO ist. Ihr Sitz ist Genf und ihre Aufgaben sind, für internationale Zusammenarbeit und für einen schnellen Austausch von meteorologischen Informationen zu sorgen, ein weltweites Beobachtungsnetz aufzubauen und wissenschaftlich-technische Programme zu fördern.
In den dreißiger Jahren dieses Jahrhunderts begann man nun auch die höheren Luftschichten zu erforschen, da vor allem der zunehmende Luftverkehr dies nötig machte.
Ein bedeutendes Hilfsmittel vor allem für die Vorhersage

Hoher Peißenberg, Observatorium des Deutschen Wetterdienstes

von 1 – 2 Tagen liefern heute die Wettersatelliten. Wetterkarten mit meteorologischen Daten können nur Momentaufnahmen liefern.
Setzt man dagegen Satellitenbilder zu einem Film zusammen, kann die Bewegung im Wetterablauf deutlich gemacht werden.
Die wichtigste Erfindung der letzten Zeit war für die Meteorologie die elektronische Datenverarbeitung. Mit Großrechnern war es endlich möglich, mit Hilfe mathematischer Gleichungssysteme die Naturgesetze besser als bisher zu beschreiben und Modelle für eine Vorhersage meteorologischer Elemente zu erarbeiten. Diese Entwicklung ist noch lange nicht abgeschlossen. Das Ziel, an dem zur Zeit besonders gearbeitet wird, ist eine 10-Tage-Vorhersage. Die neueste internationale Aufgabe ist das „Weltklimaprogramm“, damit sollen Veränderungen des Klimas erfaßt werden.

Sonne und Atmosphäre

Die Sonne ist der Motor des Wettergeschehens. Sie spendet die Energie, die Pflanzen, Tiere und Menschen zum Leben brauchen. Da die Erde nicht gleichmäßig von der Sonnenenergie getroffen wird, ergeben sich weltweit große Temperaturunterschiede. Die Natur ist darauf bedacht, Ausgleich zu schaffen: Luft setzt sich in Bewegung. Das Wetter spielt sich in Mitteleuropa etwa in den unteren 11 Kilometern der Atmosphäre ab (an den Polen sind es 8, am Äquator 16 Kilometer). Die Wetterschicht ist also sehr dünn, und im Vergleich zum Durchmesser der Erde von 12 700 Kilometern entsprechen die 11 Kilometer der Schale eines Apfels. Die Luft besteht aus einem Gasgemisch von 78 % Stickstoff, 21 % Sauerstoff und weiteren wichtigen Spurengasen wie Kohlendioxid, Ozon

und vor allem Wasserdampf. Die Temperatur nimmt vom Erdboden aus allmählich bis zur Tropopause in etwa 11 Kilometer Höhe ab, und zwar um etwa 6 – 8 Grad Celsius pro Kilometer.
Daran schließt sich bis 50 Kilometer Höhe die Stratosphäre an, dort steigt die Temperatur wieder. Dafür sorgt das Ozon. Es wandelt einen Teil der Sonnenenergie in Wärme um. Zwischen 50 und 80 Kilometer Höhe befindet sich die Mesosphäre. Dort nimmt die Temperatur wieder ab und erreicht bei 80 Kilometer den niedrigsten Wert.
Nur etwa die Hälfte der Sonnenenergie kommt beim Durchqueren der Atmosphäre überhaupt auf dem Erdboden an. Der andere Teil geht verloren durch Absorption (Energie wird in Wärme umgewandelt oder durch chemische Reaktionen verbraucht), Reflexion (Strahlung wird in den Weltraum zurückgeschickt) und Streuung (Richtung der einfallenden Strahlen wird geändert, wodurch ein weiterer Teil der Energie in den Weltraum zurückgeht). Die Streuung geschieht vor allem an den Molekülen der Luft und an den darin enthaltenen Partikeln, z. B. Staub. Aber auch die Erdoberfläche nimmt nur einen kleinen Teil der Energie auf. So reflektieren vor allem Schnee und Wasser (sie nehmen etwa 75 % der Erdoberfläche ein) das Sonnenlicht.

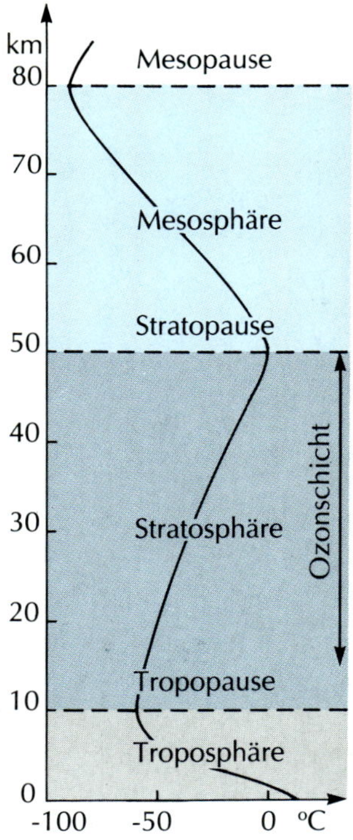

Mittlere Temperaturverteilung der Erdatmosphäre

Aber auch zum Verdunsten von Wasser wird Energie verbraucht.
Letzten Endes bleibt nur ein Drittel der Sonnenenergie zur Erwärmung der Erde übrig. Wie ein Ofen strahlt die Erdoberfläche die Wärme wieder ab und heizt so die Luft auf. Damit wird auch ein neues Transportsystem in Bewegung gesetzt: Erwärmte Luft steigt auf, kältere Luft sinkt ab.

Blauer Himmel

Warum ist der Himmel gerade blau?
Das Zusammenspiel der Lufthülle der Erde mit den Sonnenstrahlen ist die Ursache. Die Atmosphäre besteht aus vielen kleinen Teilchen – den Molekülen – vor allem der Elemente Sauerstoff und Stickstoff. Durchdringen die Sonnenstrahlen die Lufthülle, so werden sie von den Molekülen in alle Richtungen gestreut. Dabei ist gerade der blaue Anteil des Sonnenlichts betroffen. Unser Auge nimmt also besonders die Farbe Blau auf. Ohne Atmosphäre wäre der Himmel auch am Tage dunkel, und man könnte die Sterne sehen. Die Atmosphäre enthält aber auch Staubteilchen und Wassertröpfchen. Sie streuen das Sonnenlicht unabhängig von der Wellenlänge, und der Himmel erscheint uns fahlblau bis weißlich.

Wolken

Cirren

Besonders verwirrend für den Beobachter ist die Vielfalt der Wolkenformen. Und doch stehen hinter dem Entstehen oder auch Auflösen einer Wolke immer gleichverlaufende Prozesse.
Neben den Gasen Stickstoff und Sauerstoff enthält die Luft Feuchtigkeit. Wieviel Wasserdampf, also Wasser in gasförmigem Zustand, die Luft aufnehmen kann, hängt von ihrer Temperatur ab. Je niedriger die Temperatur ist, um so weniger Wasserdampf kann in der Luft vorhanden sein.
Kühlt sich – aus welchen Gründen auch immer – eine Luftmasse ab und der Höchstwert des möglichen Wasserdampfgehalts wird überschritten, so bilden sich Wassertröpfchen oder auch Eiskristalle. Aus dem gasförmigen Wasser wird flüssiges oder gefrorenes Wasser.

Ein Gewitter zieht ab

Wird umgekehrt die Luftmasse erwärmt, dann verdampfen die Wassertropfen oder Eiskristalle, und die Wolke löst sich auf. Der Tropfenradius der Wolken ist im Durchschnitt 0,002 bis 0,01 mm groß. Werden die Tropfen größer, können sie als Niederschlag aus der Wolke fallen. Abhängig von meteorologischen Prozessen werden die unterschiedlichsten Wolkenformen erzeugt – von dünnen Schleiern bis zu Wolken, die mehrere Kilometer dick sind.

Damit sich aber Wolkentropfen bilden können, müssen in der Atmosphäre mikroskopisch kleine Teilchen vorhanden sein, an die sich der Wasserdampf anlagern kann. Diese Teilchen nennt man Kondensationskerne. Sie sind Verbrennungsprodukte, Salzpartikel, Staub o. ä. Saubere Luft enthält etwa 1000 Kondensationskerne pro Kubikzentimeter, schmutzige Luft etwa 100 000 Teilchen.

Kondensstreifen

An einem wolkenarmen Tag kann man häufig beobachten, daß Flugzeuge am Himmel weiße, schmale Wolkenstreifen erzeugen. Diese sogenannten Kondensstreifen sind im allgemeinen kurzlebig. Sie verformen sich oft zu breiten, flockigen, auch wellenförmigen Wolken. Sie ähneln Cirren oder Cirrocumuli. Wie im letzten Abschnitt gezeigt wurde, gehört nicht nur genügend Feuchtigkeit dazu, um Wolken zu bilden, sondern auch Kondensationskerne sind erforderlich. Die Abgase der Flugzeuge liefern beides, Wasserdampf und Kondensationskerne. Je feuchter die umgebende Luft ist, desto länger halten sich die Kondensstreifen. Sie können durchaus noch nach einigen Stunden zu sehen sein und manchmal recht große Teile des Himmels bedecken.

Dunst und Nebel

Schaut man an einem sonnigen Tag von der Höhe eines Berges in die vor einem liegende Ebene, kann man oft beobachten, daß eine

schmutzig-graue Schicht wie eine Glocke über der Landschaft liegt. Besonders stark zeigt sich die Trübung, wenn schon einige Tage windschwaches Hochdruckwetter herrschte.
Was ist die Ursache?
Die Luft enthält nicht nur Feuchtigkeit, sondern vielerlei Verunreinigungen, z. B. feinen Sand, Staub, Rauch, Industrie- und Autoabgase. Diese Schwebeteilchen setzen die Sichtweite stark herab. Markante Landschaftspunkte erscheinen dann diffus, milchig und oft unscharf. Ist die Sichtweite geringer als 8 Kilometer, spricht man von *Dunst*.
Die Schmutzteilchen haben die Eigenschaft, den Wasserdampf der Luft an sich zu binden. Es entstehen Wassertröpfchen, und man spricht dann von feuchtem Dunst. Er kann sich schnell zu Nebel auswachsen. Im Prinzip ist *Nebel* eine Wolke, die am Erdboden aufliegt. Bei starkem Nebel ist die Sicht geringer als 1 Kilometer.

Oben: Starker Stadtdunst

Rechts: Nebel in den Tälern, gute Fernsicht auf den Bergen

Die Ursache, warum sich Nebel bildet, ist immer die Abkühlung feuchter Luft. Ist die Grenze der Aufnahmefähigkeit von Wasserdampf erreicht, bilden sich kleine Wassertröpfchen. Deutlich kann man dies beobachten, wenn sich in den Abendstunden über feuchten Wiesen, Flußläufen und vor allem nach Regen Nebelschwaden bilden. Denn dann kühlt die Erdoberfläche und damit auch die Luft darüber ab. Ein ähnlicher Prozeß läuft ab, wenn warme Luftmassen mit hoher Luftfeuchtigkeit auf kaltes Meerwasser treffen und die Luft sich demzufolge abkühlt. Ein Beispiel dafür ist der *Seenebel* im Gebiet der Großen Neufundlandbank, wo der warme Golfstrom und der kalte Labradorstrom zusammentreffen. Umgekehrt, wenn sehr kalte Luft über relativ warmes Wasser fließt, sorgt Verdunstung des warmen Wassers für die Bildung von Wassertröpfchen. Sie lösen sich aber meist rasch wieder auf, und so entsteht der Eindruck einer rauchenden Wasseroberfläche. Dieser *Seerauch* tritt besonders an Festlandsküsten und an den polaren Eisgrenzen auf, wenn kalte Luft vom Festland oder aus dem Polargebiet auf das offene Meer trifft. Umgekehrt verläuft der Prozeß der Nebelauflösung. Scheint zum Beispiel am Vormittag die Sonne und die Luft erwärmt sich, so verdampfen die Wassertröpfchen.

Küstennebel

Smog

Dieses Wort setzt sich aus den englischen Wörtern smoke (Rauch) und fog (Nebel) zusammen. Besonders im Herbst und

London im Smog

Winter sind bei windschwachen Hochdruckwetterlagen die Bedingungen gegeben, daß sich über Städten und industriellen Ballungsgebieten Smog entwickelt. Zunächst entsteht Nebel, denn die Luftverunreinigung sorgt für die Bildung von Wassertröpfchen. Ganz besonders aktiv sind Ruß und Schwefeldioxid, die vor allem als Hausbrandrückstände durch die Schornsteine in die Luft gelangen. Ein Beispiel dafür ist der sprichwörtliche Londoner Nebel. Hält die windschwache Wetterlage an, wächst die Schadstoffkonzentration, und es kommt zur Belastung der Atemwege und des Kreislaufs der Menschen. Smogwarnungen werden von den Landesbehörden für Umweltschutz ausgesprochen.
Es gibt drei Warnstufen, die z. B. zur Einschränkung des Kraftverkehrs, Drosselung von Heizungen bis zur Abschaltung von Industrieanlagen führen.
Erst wenn die Wetterlage sich ändert, Wind aufkommt und Niederschlag die Luftverschmutzung auswäscht, kann der Smog wieder verschwinden.

Dämmerungserscheinungen

Ist die Sonne für den Beobachter unter dem Horizont verschwunden, so ist der Himmel nicht sofort dunkel, sondern noch eine ganze Weile hell, man kann eine gewisse Zeit durchaus noch Zeitung lesen. Wir sprechen von *Dämmerung.*
In Mitteleuropa – also ungefähr 50 Grad nördlicher Breite – dauert die Dämmerung bis die Sonne 6 Grad unter dem Horizont steht – rund gerechnet 30 bis 40 Minuten. Man nennt diesen Zeitraum die *Bürgerliche Dämmerung.* Daran schließt sich bis zur Sonnentiefe von 12 Grad die *Nautische Dämmerung* an und bis 18 Grad die *Astronomische.* Die Dämmerung in den Tropen ist auf Grund der steilen Sonnenbahn viel kürzer als in mittlerer geographischer Breite. Jenseits des Polarkreises (67° nördlicher oder südlicher Breite) dagegen bleibt es im Sommer die ganze Nacht über hell (siehe auch Foto S. 89). Unmittelbar am Pol geht ein halbes Jahr die Sonne nicht unter. Diese Erscheinungen kommen dadurch zustande, daß die Achse der Erde um 23° gegen ihre Umlaufbahn um die Sonne geneigt ist.
Die Ursache der Dämmerung ist, daß die Sonne, obgleich sie unter dem Horizont verschwunden ist, die

Morgenrot

Atmosphäre noch bescheint. An den Molekülen und Staubpartikeln wird das Licht gestreut, so daß uns der Himmel noch hell erscheint. Da die streuenden Partikel mit zunehmender Höhe immer weniger werden, wird das

Abendrot

Himmelslicht immer schwächer, wenn die Sonne unter den Horizont sinkt und der Erdschatten in die Höhe wächst.

Steht die Sonne sehr tief am Horizont, so können wir oft sehr eindrucksvoll das *Morgen- oder Abendrot* beobachten. Der Himmel erscheint in zarten bis kräftigen Rottönen. Wolken können dann ebenfalls in vielen Schattierungen von Rot aufleuchten.

Und die Ursache? Im Abschnitt über das Himmelsblau (S. 10) haben wir gesehen, daß der Blauanteil des Sonnenlichts durch die Moleküle der Luft besonders stark gestreut wird. Steht die Sonne nun tief am Horizont, so ist der Weg, den die Sonnenstrahlen durch die Atmosphäre zurücklegen müssen, länger als z. B. in der Mittagszeit. Der Blauanteil des Lichtes ist verlorengegangen, übriggeblieben ist nur der rote und gelbe Anteil des Sonnenspektrums.

Kleine Wassertröpfchen in den Wolken und im Nebel und die kleinen Eiskristalle in hohen Wolken streuen das Licht dagegen unabhängig von der Wellenlänge. Eine sonnenbestrahlte Wolke erscheint uns daher weiß.

Alpenglühen

Das *Alpenglühen* ist eine Dämmerungserscheinung des Hochgebirges. Nach Sonnenuntergang leuchten die Westseiten von hellen Felsen oder Schneeflächen in Gelb, Orange, Rot und Purpur. Der Höhepunkt der Erscheinungen tritt auf, wenn die Sonne etwa 4 Grad unter dem Horizont steht – etwa 25 Minuten nach Sonnenuntergang. Das Alpenglühen kann wie das Morgen- und Abendrot erklärt werden.
Im Westen oberhalb der untergegangenen Sonne kann man manchmal ein Gebiet beobachten, das intensiv purpurfarben leuchtet. Das Sonnenlicht wird in etwa 20 Kilometer Höhe an kleinen Partikeln gestreut. Das gestreute Licht wird auf seinem langen Weg durch die Atmosphäre vom blauen Lichtanteil befreit, dadurch entsteht dieses sogenannte *Purpurlicht*.

Polarlichter

Im Norden kann man bei klarem Himmel nachts mitunter Polarlichter beobachten. Im Bereich des Polarkreises erscheinen sie 100mal pro Jahr, in Norddeutschland dagegen nur ca. 3mal. Sie zeichnen sich durch Farben- und Formenreichtum aus. Die Ursache liegt in der Sonne. Sie sendet nicht nur Licht in Form von elektromagnetischen Wellen aus, sondern auch freie Elektronen und Wasserstoffkerne, die in den Weltraum geschleudert werden. Nähern sie sich der Erde, werden sie von deren Magnetfeld eingefangen und in zwei ringförmige Zonen um die beiden magnetischen Pole der Erde (in Nordwestgrönland bzw. in der Antarktis) konzentriert. Beim Eintritt in die Atmosphäre werden die Atome und Moleküle der Luft in 100 bis 400 Kilometer Höhe zum Leuchten angeregt.

Halo

Sonne mit Halo

Das Wort Halo – es stammt aus dem Griechischen – heißt Kreis oder Rundung. Halos sind Lichtringe um Sonne oder Mond. Es sind meist farbenprächtige Erscheinungen. Sie entstehen durch Brechung, Spiegelung und Beugung der Lichtstrahlen an Eiskristallen in der Atmosphäre. Die optischen Erscheinungen sind an dünne, hohe Wolken (5 bis 13 Kilometer Höhe) gebunden. Es sind Cirren, die aus Eiskristallen bestehen. Die häufigste Form des Halos sind der kleine und der große Ring. Sie sind weißlich mit rötlichem Innenrand. Manchmal kann man auch eine sogenannte Nebensonne (Foto rechts unten) bzw. einen Nebenmond beobachten. Das sind helle Lichtflekke auf der gleichen Höhe wie Sonne oder Mond. Halos sind häufig Vorboten einer Wetterverschlechterung.

Hof

Ein Hof um Sonne oder Mond sieht ganz anders aus als ein Halo. Kreisförmig erscheint eine helle bläulich weiße Scheibe. Am Rand schimmert sie meist rötlich. Dann kann man auch ein System farbiger Ringe beobachten. Hervorgerufen wird ein Hof durch Beugung des Lichts an Wassertröpfchen oder Eiskristallen in mittelhohen Schichtwolken (2 bis 7 Kilometer Höhe). Wenn Sie

Oben: Sonne mit Nebensonne

Ganz oben: Mond mit Hof

einen Hof um Sonne oder Mond beobachten, müssen Sie mit schlechtem Wetter rechnen.

Regenbogen

Wird ein kräftiger Regenschauer von der tiefstehenden Sonne beschienen, entsteht oft ein leuchtender Regenbogen. Hat man die Sonne im Rücken, erscheint er auf der gegenüberliegenden Regenwolke und ist in alle Spektralfarben zerlegt. Außen erscheint das Rot, innen das Violett. Oft kann man auch einen zweiten Regenbogen beobachten. Er leuchtet allerdings schwächer als der erste, und seine Farben sind gerade umgekehrt, innen rot und außen violett.
Regenbogen entstehen durch Brechung des Sonnenlichts an der Grenze zwischen Luft und Regentropfen und durch Reflexion im Inneren des Tropfens. Entscheidend für die Breite des Bogens und die Stärke der Farben ist die Tropfengröße. Bei Nieselregen gibt es nur einen blassen, farblosen Regen-

bogen. Dagegen ist er besonders prächtig nach kräftigen, ergiebigen Regenschauern. Auch bei Mondschein kann man gelegentlich einen Regenbogen beobachten, doch ist er nicht farbig, sondern hat höchstens einen blaßroten Rand.

Brockengespenst

Eine seltene Erscheinung ist das Brockengespenst (Foto oben). Es entsteht, wenn der Beobachter auf einem Berg oder einer Anhöhe steht und sein Schatten, von einer tiefstehenden Sonne verursacht, auf eine Nebel- oder Wolkenbank fällt. Der Schatten ist meist von farbigen Ringen umgeben, die – wie beim Regenbogen – durch die Beugung des Sonnenlichts an Wassertröpfchen zu erklären sind. Man nennt diese farbigen Ringe Glorie. Der stark vergrößerte Schatten wirkt wie ein Gespenst. Zum ersten Mal wurde dieses Phänomen im Harz auf dem Brocken beobachtet, daher rührt der Name.

Blitz und Donner

Damit es blitzt und donnert, muß in der Atmosphäre ein starkes elektrisches Feld existieren. Voraussetzung dafür sind kräftige Quellwolken, die in ihrem oberen Teil vereisen und starke Vertikalbewegungen aufweisen. Der elektrische Spannungsunterschied kann sich innerhalb einer Gewitterwolke, zwischen benachbarten Wolken und zwischen Wolken und der Erdoberfläche aufbauen. Erreicht die Aufladung einer Wolke eine bestimmte Stärke, erfolgt ein Überschlag: Ein Blitz entsteht.
Es können Stromstärken von vielen Tausend Ampère auftreten, wegen der kurzen Dauer eines Blitzes ist aber die Energie verhältnismäßig klein.
Diese elektrischen Entladungen können ganz verschieden sein. Normalerweise tritt ein Linienblitz auf. Oft ist er stark verzweigt. Entsteht er innerhalb einer Wolke, so wird diese diffus beleuchtet. Man spricht dann von einem Flächenblitz.
Eine seltene Erscheinung ist der Perlschnurblitz. Bei ihm verlöscht der Blitzkanal stellenweise; so erhält der Blitz das Aussehen einer Perlschnur, die zum Boden reicht.
Noch keine befriedigende Erklärung hat man für den Kugelblitz gefunden. Er ist eine leuchtende Kugel von der Größe eines Tennis- bis Fußballs. Er bewegt sich relativ langsam längs der Erdoberfläche. Manchmal explodiert er mit einem Knall, manchmal verschwindet er ganz geräuschlos.
Der Donner ist das krachende und rollende Geräusch als Folge einer Blitzentladung. In wenigen Mikrosekunden erhitzt sich die Luft im Blitzkanal auf etwa 30 000 Grad. Das führt zu einer explosionsartigen Ausdehnung der Luft mit plötzlichem und starkem Druckanstieg, der eine Schockwelle auslöst. In unmittelbarer Nähe des Blitzschlags wird sie als scharfer Knall empfunden, in weiterer Entfernung dagegen als normale Schallwelle.
Durch Reflexion der Schallwelle an Wolken und der Erdoberfläche entsteht das Donnergrollen. Die Schallgeschwindigkeit beträgt etwa 340 Meter in der Sekunde. Damit läßt sich ausrechnen, wie weit der Blitz – also das Gewitter – vom Betrachter entfernt ist. Als Faustregel gilt: 3 Sekunden Zeitunterschied zwischen Blitz und Donner bedeutet 1 Kilometer Entfernung.

Wetter

In Europa leben wir in einem Bereich der Erde, in dem das Wetter fast ständig wechselt und selten über einen längeren Zeitraum konstant bleibt. Das liegt unter anderem an der sogenannten Westwindzone, die genau über uns liegt (vgl. hintere Umschlagklappe). Tiefdruckgebiete z. B. ziehen häufig aus westlichen Richtungen heran.
Viele Wirtschaftszweige werden vom Wettergeschehen stark beeinflußt, z. B. der Luftverkehr, die Bauwirtschaft, der Straßendienst, die Landwirtschaft, die Seefahrt, um nur einige zu nennen. Für sie alle ist die Wettervorhersage besonders wichtig. Eine große Rolle spielen dabei Warnungen vor Gefahren wie Sturm, Glatteis, Nebel, Frost. Doch auch jeder von uns ist vom Wetter abhängig. Es beeinflußt unser tägliches Leben; das fängt beim vergessenen Regenschirm an und hört noch lange nicht bei einem total verregneten Sommerfest auf. Eingebürgert haben sich Wetterbegriffe auch in unserer Sprache. So sprechen wir z. B. von einem „sonnigen Gemüt", von „trüben Aussichten", einem „warmherzigen Menschen", und manche „hängen auch ihr Mäntelchen nach dem Wind".
Eine wesentliche Aufgabe der Meteorologen ist es, die Öffentlichkeit über die Wetterentwicklung zu informieren. So werden über Rundfunk, Fernsehen und Telefonansage, aber auch durch persönliche Beratung Vorhersagen verbreitet. Einen Nachteil haben diese Berichte fast alle: sie müssen möglichst knapp formuliert sein, denn Zeit kostet Geld. Dabei bleibt dann die Genauigkeit auf der Strecke. Denn nicht nur die großräumigen Entwicklungen spielen eine Rolle, sondern geographische Besonderheiten beeinflussen das lokale Wetter. Es ist schon ein Unterschied, ob man auf einer Nordseeinsel oder im Alpenvorland wohnt, in einer Großstadt oder im Mittelgebirge. Auf örtliche Besonderheiten kann der Meteorologe nicht eingehen, wenn ihm z. B. für einen Rundfunkbericht nur 15 Sekunden eingeräumt werden oder im Fernsehen 60 bis 90 Sekunden.
Die Treffsicherheit der Vorhersage beträgt für 24 Stunden fast 90 %. Je länger allerdings der Vorhersagezeitraum ausgedehnt wird, um so unsicherer wird die Vorhersage: „. . . es bleibt die ganze Woche über kühl und regnerisch".
Wie kommen nun Vorhersagen zustande?

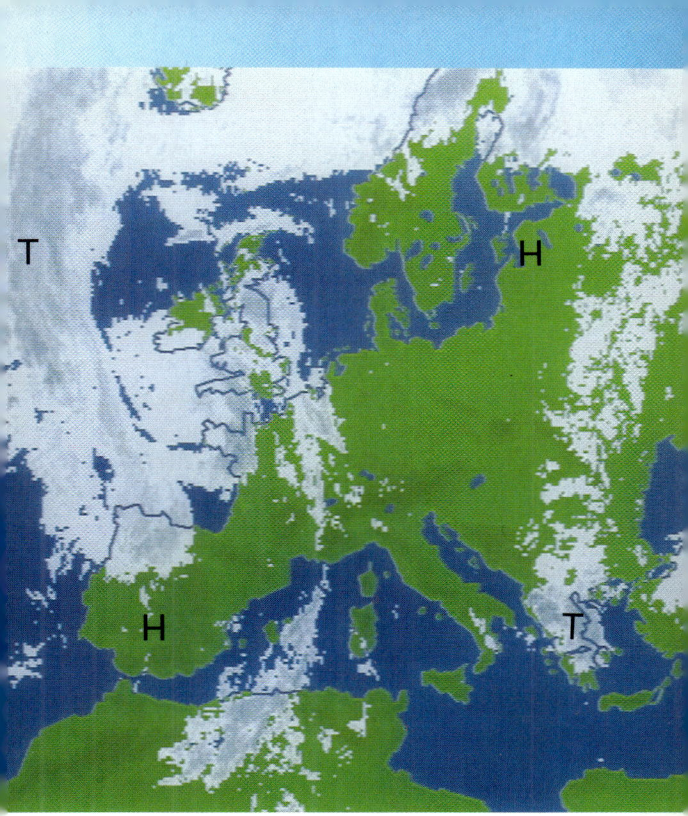

Hochdruckgebiet im Sommer

An einem Sommertag lautet die Beschreibung der Wetterlage: „Unser Satellitenbild zeigt heute überall in Mitteleuropa kaum eine Wolke. Das sonnige Wetter verdanken wir einer Hochdruckzone. Sie erstreckt sich von der Iberischen Halbinsel über Deutschland bis nach Skandinavien."

Europa an einem Hochsommertag im Juli, aufgenommen von einem Wettersatelliten in 36 000 Kilometer Höhe

Ein für den Meteorologen wichtiges Hilfsmittel, rechtzeitig Entwicklungen zu erkennen, sind die Bilder des Wettersatelliten. Vor allem dort, wo keine Beobachtungsstationen vorhanden sind, z. B. auf dem Meer. Es gibt zwei verschiedene Arten von Wettersatelliten. 1. Der polarumlaufende Satellit. Seine Flugbahn liegt in 800 bis 1500 Kilometer Höhe und ist ein Kreis, der um Nord- und Süd-

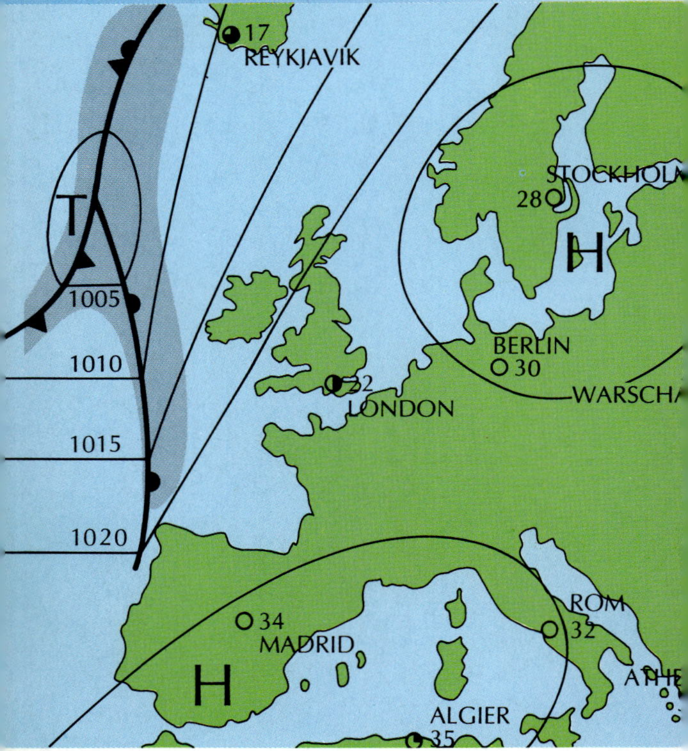

Luftdruckverteilung und stationäre Meldungen zum Satellitenbild auf S. 29 (Wetterkartensymbole s. S. 1)

pol verläuft. Er beobachtet also die gesamte Erde und überfliegt jedes Gebiet 2mal in 24 Stunden. 2. Der geostationäre Wettersatellit. Er fliegt in 36 000 Kilometer Höhe über dem Äquator und bewegt sich so mit der Erde mit, daß er festzustehen scheint. Er sendet alle 30 Minuten Bilder von Afrika, Europa und dem östlichen Atlantik.
Warum bringt – auf jeden Fall im Sommer – ein Hoch Wärme und Sonnenschein? Ein Hoch ist ein Gebiet, in dem der Luftdruck höher ist als in seiner Umgebung. Mit einer solchen Tatsache gibt sich aber die Natur nicht zufrieden, sie ist immer auf Ausgleich bedacht. In einem Hoch existieren ganz bestimmte Strömungsverhältnisse. So fließt die Luft am Erdboden vom hohen zum tiefen Druck, also aus einem Hochdruckgebiet hinaus. Als Ausgleich strömt nun aber Luft aus höheren Schichten

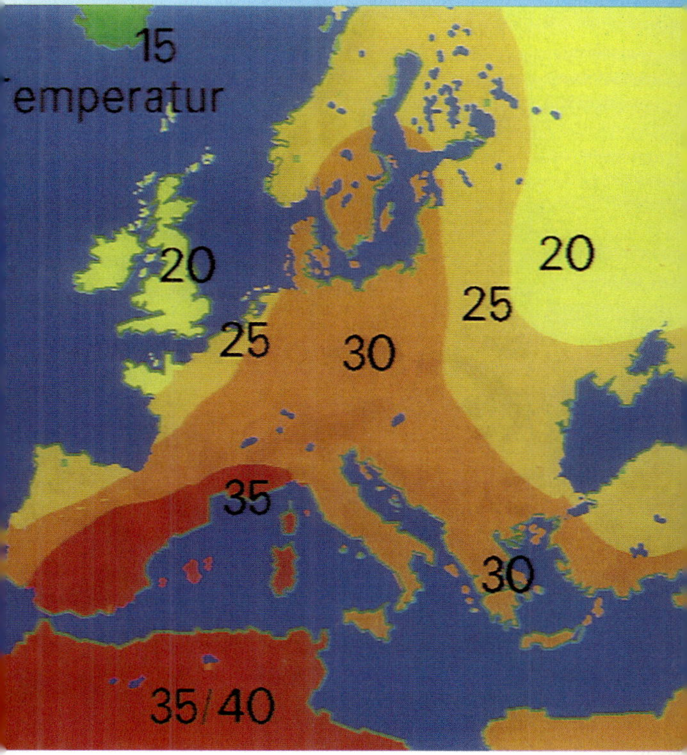

Temperaturverteilung in Europa zum Zeitpunkt der Satellitenaufnahme von S. 29

nach, sie sinkt ab. Die absteigende Luft erwärmt sich, wird dabei trockener, und die Wolken lösen sich auf. Im Bereich eines Hochs ist also – im Sommer – mit meist sonnigem Wetter zu rechnen. Ein umfangreiches Hoch verspricht eine Schönwetterperiode von einigen Tagen. Großräumig gesehen ist es ein Steuerungszentrum, Tiefdruckgebiete ziehen auf der Nordhalbkugel um ein Hoch im Uhrzeigersinn herum, auf der Südhälfte der Erde gerade umgekehrt: dem Uhrzeigersinn entgegen. Wie ist nun die Temperaturverteilung in einem solchen Hoch in Mitteleuropa? Der Westteil eines Hochs ist im Hochsommer die Plattform für Hitzewellen. Mit der südlichen Strömung wird nicht nur warme, sondern vom Mittelmeer auch feuchte, schwüle Luft herantransportiert. Feuchtigkeit verhindert aber, daß es in der kur-

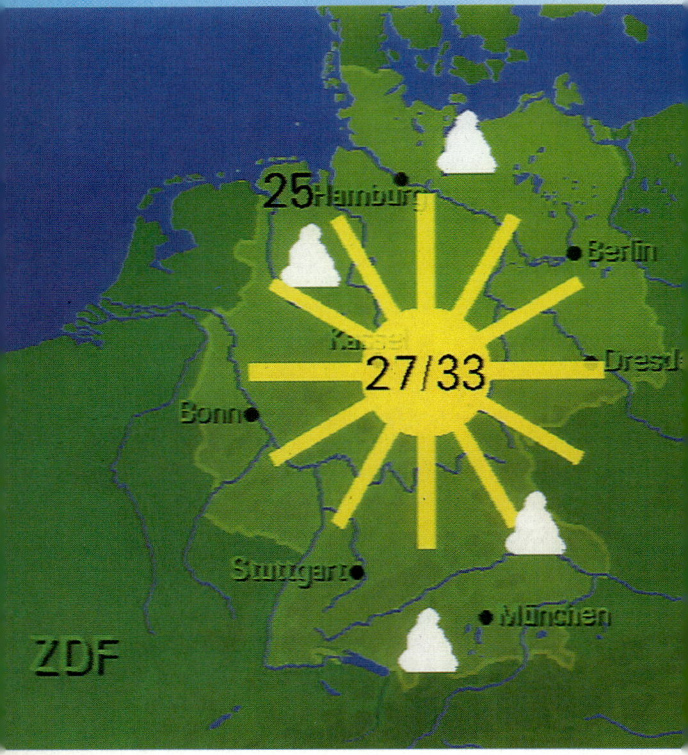

Vorhersagekarte auf Grund der Daten der drei vorhergehenden Abbildungen

zen Sommernacht deutlich kühler wird. Dann stöhnen besonders die Stadtbewohner, da nicht einmal die Nacht Erfrischung bringt. Ganz anders an der Ostseite eines Hochs. Nördliche Winde sorgen für kühle Luft. Befindet sich dagegen Mitteleuropa im Südteil eines Hochs, dann erreicht uns trockene Luft vom Festland aus dem östlichen Europa, die nachts eine deutliche Abkühlung bringt – auch im Sommer. Liegt dagegen das Hoch südlich von uns, dann herrschen Westwinde und bringen Luft, die vom Atlantik stammt. Wir empfinden sie im Sommer als „mäßig warm". Oft ist auch mit Wolken zu rechnen. Wie lautet nun die Vorhersage im Zentrum des Hochs? „Die Nacht ist klar und am Tage scheint die Sonne" oder „es ist heiter" oder „nur leicht bewölkt". Alle diese Formulierungen bedeuten dasselbe. Dabei ist es aber nicht ausgeschlossen, daß es

Schönwetterwolken – Cumulus humilis

ein paar Wolken am Himmel gibt, sogenannte Schönwettercumuli. Sie werden höchstens 35 % des gesamten Himmels einnehmen. Es können aber auch dünne hohe Schleierwolken auftreten, die sogar den gesamten Himmel erfassen, aber Sonne und Mond noch durchscheinen lassen. Wenn überhaupt keine Wolken zu erwarten sind, dann muß die Prognose lauten „... nachts klar und am Tage wolkenloser Himmel". Eine typische Erscheinung der Sommernacht ist der Tau (s. S. 55).

Oft spricht aber der Meteorologe nur von einem wandernden Zwischenhoch. Dabei handelt es sich eigentlich um die Pause zwischen zwei Tiefdruckgebieten. Das erste zieht ab, dazwischen werden die Wolken weniger, die Sonne kommt zum Vorschein. Bis das nächste Tief kommt kann es ein paar Stunden oder auch einen Tag dauern.

Hochdruckgebiet im Winter

Im Winter hat ein Hochdruckgebiet zwei sehr unterschiedliche Gesichter. Das eine ist wie im Sommer mit wolkenarmem Himmel verbunden. Da die Nächte lang sind, kühlt der Erdboden stark ab. Die Sonne steht tief am Horizont, und viel Energie geht auf dem langen Weg durch die Atmosphäre verloren. Sie hat nicht die Kraft, den nächtlichen Wärmeverlust wieder auszugleichen. So sinkt, wenn die wolkenarme Wetterlage anhält, die Temperatur am Erdboden und damit auch in der unmittelbar anschließenden Luftschicht mehr und mehr ab. Es bildet sich örtlich Reif (s. S. 55 f.). Vor allem, wenn eine Schneedecke vorhanden ist, kann es dann sehr strengen Frost geben. Unterstützt wird eine solche Kälteperiode noch, wenn das Hoch nördlich von uns liegt und mit östlichen Winden aus Rußland trockene Luft vom Festland nach Mitteleuropa fließt.

Links: Eisschollen auf dem Rhein

Unten: Bodeninversion

Temperaturrückgang mit der Höhe. Im Sommer baut sich in klaren Nächten auch eine solche Inversion auf, aber die Sonne hat die Kraft, im Laufe des Vormittags den Erdboden so aufzuheizen, daß die Inversion schnell ver-

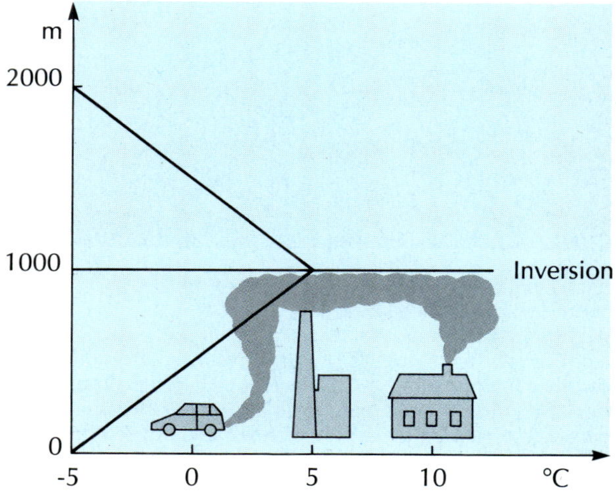

Aber viel häufiger spielt im Winter eine sogenannte Bodeninversion eine maßgebliche Rolle. Normalerweise nimmt die Temperatur vom Erdboden aus mit der Höhe ab (ca. 6 bis 8 Grad pro Kilometer). Kühlt aber nun nachts die Erdoberfläche ab und damit auch die unterste Luftschicht, so ist die Temperatur am Erdboden niedriger als weiter oben. In der schematischen Darstellung oben hat sie in 1 Kilometer Höhe ein Maximum. Darüber erfolgt wieder der normale

schwindet. Im Winter dagegen reicht die Sonnenenergie dazu nicht aus, die Inversion dauert an. Die Erdoberfläche kühlt sich mehr und mehr ab.
Physikalisch gesehen ist eine solche Schichtung, kalte Luft unten und warme Luft oben, sehr stabil. Es findet keine Strömung von unten nach oben und umgekehrt statt. Die normale Absinkbewegung in einem Hoch macht oberhalb der Inversion halt. Diese besondere Temperaturverteilung ist eine Falle,

die Feuchtigkeit und auch Schmutzpartikel festhält. Zunächst entsteht Dunst, dann Nebel und sogar Smog. Es kann auch Hochnebel geben. Darunter versteht man eine dichte, geschlossene Schichtbewölkung, die sich direkt an der Obergrenze der Inversion sammelt und nicht wie Nebel am Erdboden aufliegt. Feiner Sprühregen fällt oft aus dieser tristen grauen Wolkendecke: Es herrscht naßkaltes Novemberwetter.
Das Satellitenbild läßt das Zentrum eines solchen winterlichen Hochs nicht erkennen, sondern zeigt fast überall Wolken. Die Temperaturverteilung sieht ebenfalls ganz anders aus als im Sommer. Am kältesten ist es im Kern des Hochs und im Bereich der östlichen Winde. Dagegen bringen südliche

Industrieabgase breiten sich an der Inversion aus

und westliche Strömungen wesentlich höhere Temperaturen. Ist eine Inversion vorhanden und herrscht nebeligtrübes Wetter – ist also die Feuchtigkeit hoch – und sinkt die Temperatur unter 0 Grad, so kommt es zu Rauhreif (s. S. 56).
Eine solche neblig-trübe Wetterlage, bei der der Himmel vollständig mit dichten, tiefen Schichtwolken bedeckt ist, kann wochenlang anhalten und findet erst ein Ende, wenn Tiefdruckgebiete für eine kräftige Durchmischung der unteren Atmosphäre sorgen und damit die Inversion zerstören.
Meist heißt es bei Inversionswetterlagen aber auch in den Prognosen: „. . . auf den Bergen über . . . Höhe herr-

schen aber Sonnenschein und sehr gute Fernsicht.“ Denn über der Inversion sind die Verhältnisse ganz anders als darunter. Hier sorgt das Hoch durch Absinken und Erwärmung der Luftmassen für trockene Luft, und so empfangen den Wanderer und Gipfelstürmer Sonnenschein und gute Sichtverhältnisse, wenn er die trübe Inversionsschicht hinter sich gelassen hat.

Auf den Bergen herrscht gute Fernsicht

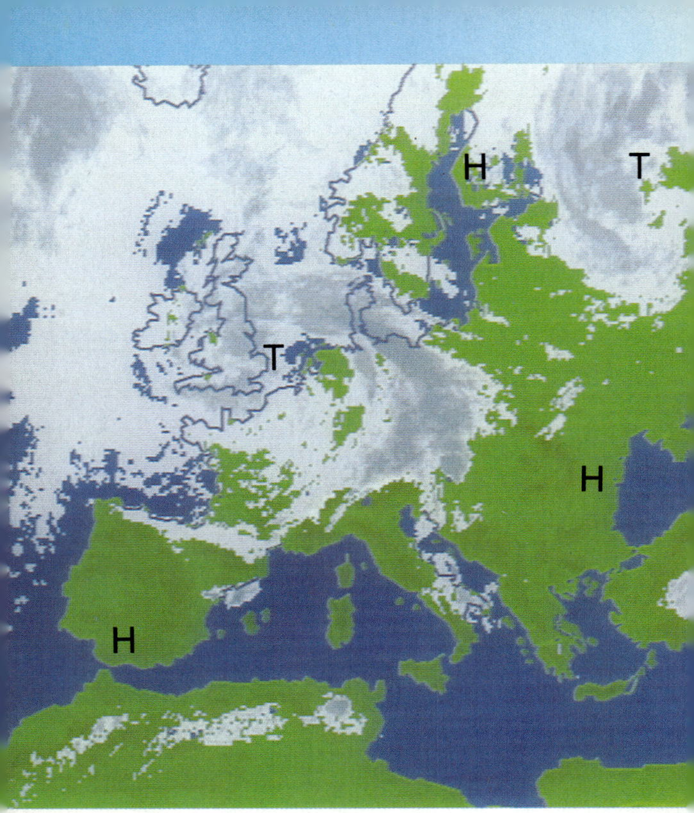

Das Tiefdruckgebiet

In Tiefdruckgebieten geht es im Gegensatz zu Hochdruckgebieten lebhaft zu. Es sind Luftwirbel, die gegen den Uhrzeigersinn rotieren. Die Luft wird von allen Seiten angesaugt, strömt also in den unteren Schichten in ein Tief herein. Das führt zum Aufsteigen der Luft und damit zur Bildung von Wolken und Niederschlag. Sehr unterschiedliche Luftmassen sind an der Entstehung eines Tiefs beteiligt und bestimmen auch seinen weiteren Lebensweg. Doch betrachten wir nun, was im Einzelnen passiert, wenn ein Tief über einen Beobachter hinwegzieht. Zum Verständnis sind die Prozesse, die dabei ablaufen, in der schematischen Zeichnung auf Seite 40 dargestellt.
Drei sehr verschiedene Luftmassen gehören zu einem Tief: auf der Vorderseite kalte Luft, im Südteil Warmluft

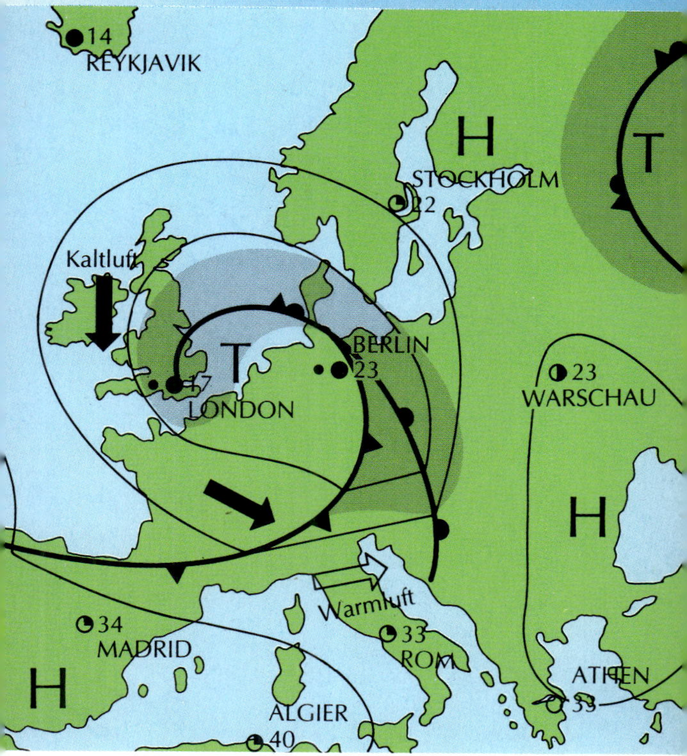

Links: Ein Tiefdruckgebiet über Mitteleuropa, aufgenommen von einem Wettersatelliten in 36 000 Kilometer Höhe

Oben: Luftdruckverteilung und Stationseintragungen zum Satellitenbild links (Wetterkartensymbole S. S. 1)

und auf der Rückseite wieder Kaltluft. Die Grenzen zwischen den Luftmassen nennt man Fronten. Bei einem jungen Tief sind es zwei: Warmfront und Kaltfront. Sie sind durch sehr unterschiedliche, für sie typische Wolken- und Niederschlagsformen zu erkennen.

Die Warmfront: An einem wolkenarmen, sonnigen Tag sind die ersten Anzeichen, daß sich eine Warmfront – also ein Tief – nähert und damit eine Wetteränderung zu erwarten ist, neben kräftigem Luftdruckfall feine hohe Eiswolken, sogenannte *Hakencirren*, die am Himmel erscheinen. Später folgt *Cirrostratus*, er ist bereits ein deutlicher Hinweis dafür, daß sehr wahrscheinlich mit Niederschlag zu rechnen ist. Diese Schleierwolken sind so dünn, daß Sonne und Mond

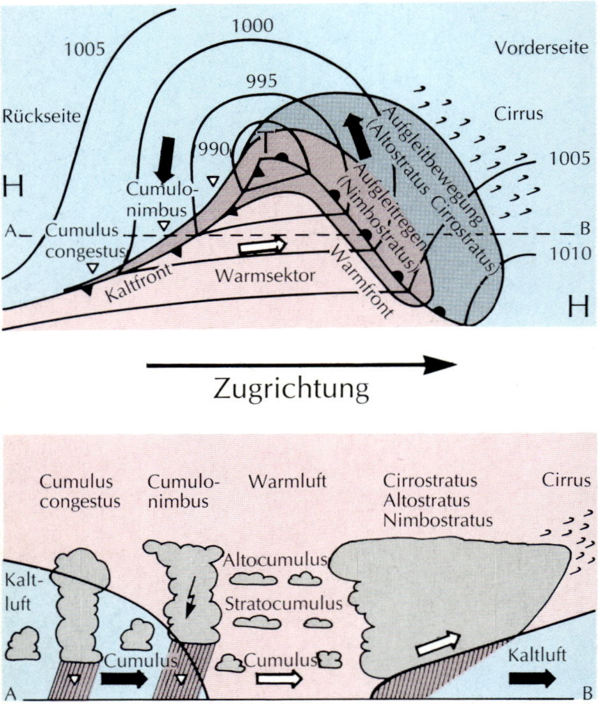

Aufbau eines jungen Tiefdruckgebietes und seine Wettererscheinungen

hindurchscheinen können, oft kann man zu diesem Zeitpunkt einen Halo beobachten. Die Wolken bestehen aus Eiskristallen und befinden sich in etwa 5 bis 13 Kilometern Höhe. Allmählich werden dann die Wolken immer dichter. Es kommt *Altostratus* auf. Das ist eine Mischwolke aus Eiskristallen und Wassertropfen in 2 bis 7 Kilometern Höhe. Als nächstes schiebt sich der *Stratus* heran, eine tiefe Wolke in 0 bis 2 Kilometer Höhe. Es ist also jetzt vom Erdboden bis in große Höhen eine riesige Wolkenmasse vorhanden: der *Nimbostratus*. Inzwischen hat auch Regen oder Schneefall eingesetzt. Oft ist das Niederschlagsgebiet hunderte von Kilometern lang, es ist der typische Landregen. Diese unterschiedlichen Wolkenformen und der Niederschlag sind entstanden, da die leichtere Warmluft des Tiefs sich über die schwere, vorlaufende Kaltluft gescho-

Cirren, die Vorboten eines Tiefs

ben hat und damit zum Aufgleiten gezwungen wurde. Luft, die aufsteigt, kühlt sich ab, Wolken bilden sich und schließlich setzt Niederschlag ein.

Mit dem Durchgang der Warmfront ist der Aufgleitprozeß zu Ende. Die Niederschläge hören meist auf. Der Luftdruckfall wird schwächer, und der Wind, der vor der Warmfront aus Südost kam, dreht jetzt auf Süd bis Südwest. Wir befinden uns nun im Warmsektor. Dort ist das Wetter sehr unterschiedlich. Es reicht vom strahlenden Sonnenschein bis zur geschlossenen Schichtbewölkung.

Wesentlich deutlicher fällt der Durchgang der Kaltfront aus. Die Kaltluft – sie ist schwerer als die Warmluft – schiebt sich unter den Warmsektor. Dabei kommt die Kaltluft am Boden nicht so schnell voran wie in höheren Luftschichten. Die Folge sind kräftige Quellwolken, soge-

Links: Altostratus

Oben: Nimbostratus

nannte Cumuluswolken. Die gewaltigste Quellwolke ist der *Cumulonimbus:* die Gewitterwolke (S. 73). Die heftigsten Gewitter mit Hagel finden im Sommer fast immer an Kaltfronten statt. Hat die Kaltluft die Warmluft am Boden verdrängt, dann dreht der Wind auf West bis Nordwest, und der Luftdruck steigt. Jetzt setzt das sogenannte Rückseitenwetter ein. Kräftige Regenschauer wechseln rasch mit Sonnenschein ab. Schmutz und Abgase werden nach oben transportiert, und saubere Luft gelangt nach unten. So wird die Sicht schlagartig besser, und der Himmel scheint oft tiefblau.

Im Zentrum des Tiefs holt die Kaltluft die Warmluft rasch ein und hebt sie vom Boden ab. Dann entsteht eine dritte Front. Man bezeichnet diese Luftmassengrenze als Okklusion; sie ist ein Zeichen dafür, daß das Tief all-

Haufenwolke (Cumulus congestus)

mählich schwächer wird.
Leider spielt sich der eben beschriebene Vorgang nur selten in dieser Idealform ab. Jedes Tief ist ein Individuum. Es schöpft seine Energie aus den großräumigen Temperaturgegensätzen. Land- und Meerverteilung, hohe Gebirge beeinflussen ebenfalls die Stärke und Wirksamkeit von Tiefdruckgebieten.
Auch die Jahreszeiten spielen eine Rolle. Z. B. sind Warmfronten im Sommer nicht so deutlich ausgeprägt wie im Winter. Im Alpenvorland wird das Wetter oft erst nach Durchzug der Kaltfront schlecht.
Zieht ein Tiefdruckgebiet über das Vorhersagegebiet hinweg, muß der Meteorologe vor allem den zeitlichen Ablauf der Ereignisse mitteilen, der von Tief zu Tief sehr verschieden ist. Die Vorhersage müßte lauten:
„Bewölkungsaufzug, später Regen, nach Durchzug der Warmfront Bewölkungsauflockerungen und Tempera-

Rückseitenwetter

turanstieg. Dann wieder Bewölkungsverdichtung und Regenschauer, örtliche Gewitter. Nach der Kaltfront rasch wechselnde Bewölkung und kräftige Regenschauer. Wieder Temperaturrückgang."
Eine solche Vorhersage würde die Vorstellungskraft jedes Zuhörers überschreiten und darum lautet die Kurzform: „Zunächst bedeckt und Regen, später Bewölkungsauflockerungen und Regenschauer, örtlich Gewitter."

Fehlerhafte Vorhersagen im Bereich von Tiefdruckgebieten werden häufig dadurch verursacht, daß man die Geschwindigkeit der Tiefs oder Fronten nicht richtig erfaßt und dadurch der zeitliche Ablauf der Wetterereignisse früher oder später einsetzt als angekündigt.
Der Begriff „wolkig" sagt aus, daß 50 bis 75 % des Himmels mit niedrigen Wolken oder ganz mit hohen, dichten Wolken bedeckt sind. „Stark bewölkt" bedeutet 90 % Himmelsbedeckung mit tie-

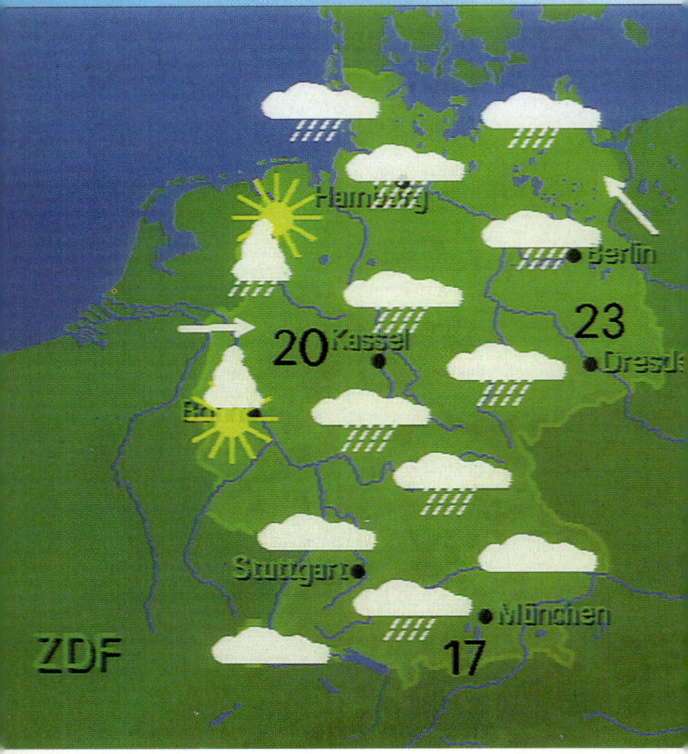

Vorhersagekarte. Ein Tief zieht über Deutschland hinweg

fen Wolken. Unter „wechselnd bewölkt“ versteht man rasch schwankenden Bedekkungsgrad des Himmels zwischen 10 und 90 %.
Der Meteorologe spricht in seinen Berichten oft von „Luftmassen“, z. B. kühle Meeresluft, trockene Festlandsluft oder auch warme und feuchte Luft aus dem Mittelmeerraum u. a.
Zwei Aussagen werden damit über die Luftmassen, die in einem Bereich liegen oder ihn erfassen, gemacht: Einmal wird der geographische Ursprungsort angegeben (Tropikluft, Polarluft, Arktikluft oder Äquatorialluft).
Zum anderen werden die Eigenschaften der Luftmassen genannt (trocken oder feucht, warm oder kalt). Dabei sind die Begriffe „warm und kalt“ nicht eindeutig. Hat eine Luftmasse eine Temperatur von 10 Grad, wird man sie im Winter als mild empfinden, im Sommer dagegen als ausgesprochen kühl.

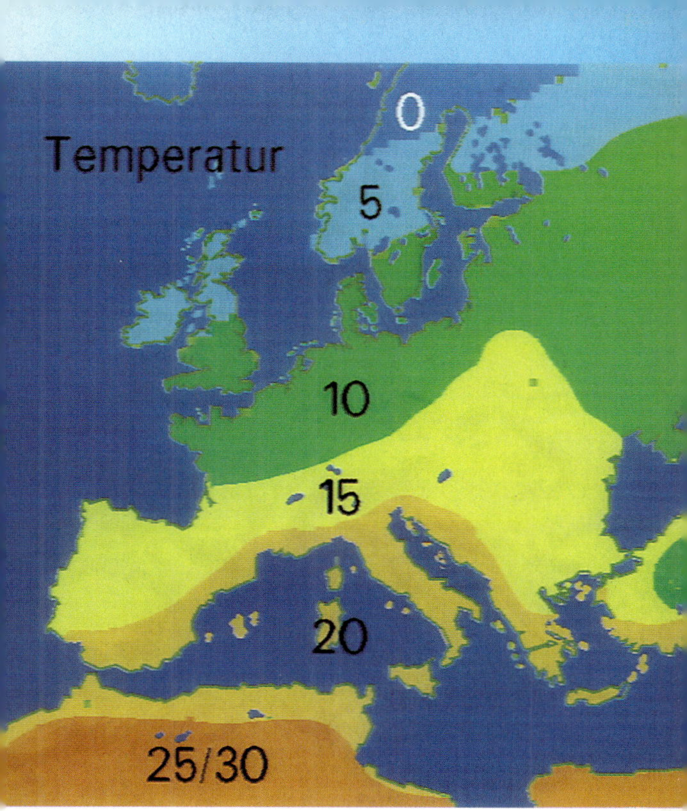

Temperatur

Für die Wettervorhersage ist der tägliche Temperaturverlauf wichtig. Er ist von vielen Faktoren abhängig. Die tiefste Temperatur – das Minimum – liegt meist kurz vor Sonnenaufgang. Die höchste Temperatur – das Maximum – wird etwa gegen 14 Uhr (Ortszeit) gemessen. Das gilt natürlich nur, wenn kein Luftmassenwechsel eintritt. So kann z. B. an einem kalten Wintertag mit einer Mittagstemperatur von – 5 Grad C dies durchaus nicht das Maximum sein. Nähert sich nämlich eine Warmfront, so kann die Temperatur allmählich steigen und am wärmsten ist es vielleicht gerade um Mitternacht.
Wie stark es nachts abkühlt,

Typische Temperaturverteilung in Europa im Frühjahr. Während es in Skandinavien noch winterlich ist, beträgt die Temperatur am Mittelmeer schon 20° C

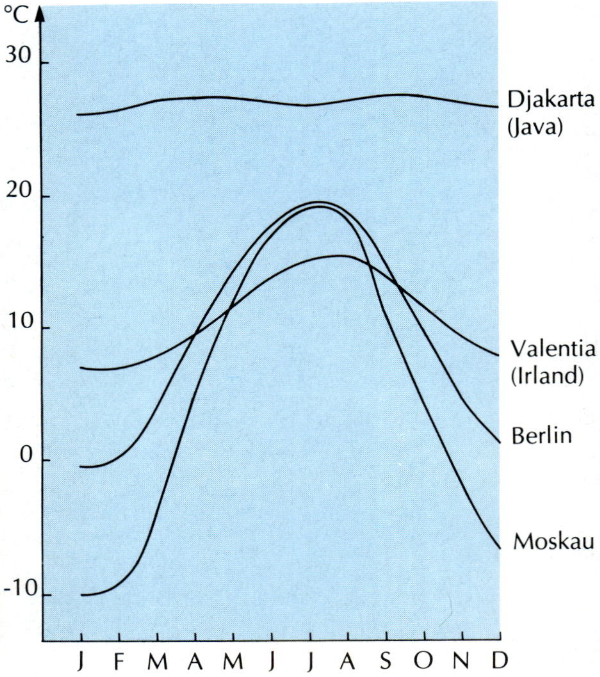

Jahresgang der Lufttemperatur (Monatsmittel in Grad Celsius)

hängt auch davon ab, ob eine schützende Wolkendecke vorhanden ist. Sie verhindert, daß Wärme in den Weltraum abgegeben wird. Ist die Luft sehr feucht – auch wenn keine Wolken vorhanden sind – ist der Wärmeverlust ebenfalls gering. Der Wasserdampf wirkt wie ein Glashaus. Auch Wind spielt eine wichtige Rolle. Er durchmischt die bodennahe Schicht, so daß sich die kälteste Luft nicht am Erdboden lagern kann.
Ähnlich von der Bewölkung abhängig ist die Tagestemperatur. Wolken schützen vor starker Einstrahlung. Und auch hier sorgt Wind für Durchmischung der untersten Luftschichten, so daß der Erdboden nicht so stark erwärmt werden kann wie bei windstillem Wetter.
Besonders wichtig ist die Vorhersage von Frost. Da Kaltluft schwerer ist als warme Luft, sammelt sie sich gerne in Tälern und Senken. Sie

sind also durch Nachtfrost besonders gefährdet.
Die „Mitteltemperatur" ist ein nützlicher Wert, um sich über die Temperaturverhältnisse über einen bestimmten Zeitraum oder auch in einem Gebiet der Erde zu informieren. Es ist verständlich, daß es in einem Bereich der Erde, der von viel Sonnenenergie getroffen wird, sehr warm ist. Z. B. in den Tropen scheint die Sonne das ganze Jahr über kräftig. Die Grafik links zeigt, daß in Djakarta/Java die Temperatur keinen jahreszeitlich bedingten Schwankungen unterliegt. Ganz anders ist der Jahresgang der Temperatur in den mittleren geographischen Breiten der Erde, z. B. in Berlin. Dort beträgt der Unterschied der Monatsmitteltemperatur zwischen Sommer und Winter fast 20 Grad C. In Moskau sind es sogar 30 Grad C. Dort fehlt im Winter der mildernde Einfluß des Meeres. In Valentia (Irland) dagegen beträgt die Jahresschwankung nur 8,5 Grad C. Hier sorgt der warme Atlantik dafür, daß die Monatsmitteltemperatur im Winter mit +6,8 Grad C recht hoch ist. Natürlich spielt auch eine Rolle, ob der Ort in Meereshöhe liegt oder auf einem Berg. Als Faustregel kann man annehmen, daß in unseren Breiten die Jahresmitteltemperatur mit der Höhe um 0,6 Grad C pro 100 Meter abnimmt. So wachsen im Tal schon die Feldfrüchte, während auf den Bergen noch Schnee liegt (Foto oben).

Luftdruck

Die Masse der Luft übt einen Druck auf den Erdboden aus, d. h. der Luftdruck ist das Gewicht einer Luftsäule vom Meßpunkt bis zum Rand der Atmosphäre. Er nimmt also mit der Höhe ab. Im Mittel beträgt er am Erdboden 1 Atmosphäre = 1000 Hektopascal. Auf dem Mont Blanc (4807 m; Foto) ist der Luftdruck mit ca. 500 Hektopascal nur etwa halb so groß wie in Hamburg. Allerdings spielt die Temperaturverteilung noch eine wichtige Rolle. Fließt Luft in eine solche gedachte Säule, steigt der Druck. Strömt Luft hinaus, fällt der Luftdruck, d. h., das Gewicht der Luftsäule nimmt ab.
Verbindet man Orte mit gleichem Luftdruck, so bekommt man die Isobaren.
Sie sind – betrachtet man die gesamte Erdkugel – immer geschlossene Linien.

Niederschlag

Fallstreifen

In den vorangegangenen Abschnitten wurde gezeigt, daß das Aufsteigen von Luftmassen zu Wolkenbildung führt und im weiteren Verlauf auch zu Niederschlag. Es gibt eine ganze Reihe von Niederschlagsformen, die alle ihre eigene Geschichte haben.
Regen besteht aus Wassertropfen sehr unterschiedlicher Größe. Die kleinsten Tropfen (Radius 0,05 – 0,25 mm) hat der Nieselregen. Er fällt aus Nebel oder einer dichten Stratuswolke und hat eine Fallgeschwindigkeit von 0,25 bis 2 Meter/Sekunde. Die Niederschlagsmenge ist unbedeutend.
Gewöhnlicher Regen enthält Tropfen verschiedener Größe, ungefähr 0,25 bis 2,5 Millimeter, und die Fallgeschwindigkeit liegt zwischen 2 und 9 Meter/Sekunde. Im Anfangsstadium eines Regens

Wasserkreislauf. Wolkenbildung nach starken Regenfällen

kann unterhalb der Wolke die Verdunstung so groß sein, daß der Regen zunächst nicht die Erdoberfläche erreicht, sondern als eine Reihe von Fallstreifen unter den Wolken zu beobachten ist.
Die typischen Regenwolken in mittleren geographischen Breiten sind der *Nimbostratus* (S. 43) und der *Cumulonimbus*. Der Regen aus dem Nimbostratus entsteht durch langsame Hebung der Luft, er hat nur eine mäßige Stärke, hält aber lange an und kann ein Gebiet von mehreren hundert Quadratkilometern erfassen. Dann fällt der typische Landregen. Auch Stau im Gebirge führt zu Dauerregen. Die Niederschläge, die vom Cumulonimbus ausgehen, sind meist nur von kurzer Dauer und haben nur eine geringe horizontale Ausdehnung. Wegen der kräftigen Aufwinde in der Wolke können große Wassermengen in ihr schweben, aber

Neuschnee

plötzlich auch als große Tropfen aus der Wolke fallen. Es kommt zu Wolkenbrüchen, die aber lokal begrenzt sind. In einer Stunde können dann durchaus 200 Liter auf den Quadratmeter fallen, während es wenige Kilometer entfernt keinen Tropfen regnet.
Die ergiebigsten Regenfälle müssen im Sommer fallen, denn die Luft ist warm und enthält viel Feuchtigkeit.
Damit Regen entsteht, müssen Eiskerne in der Wolke vorhanden sein, an die sich der Wasserdampf anlagert und zu Eis wird. Die Temperatur muß also in der Wolke – wenigstens in einem Teil – unter 0 Grad sein. Beim Fallen der Eisteilchen durch wärmere Luft schmelzen sie und werden zu Regen. Außerdem wachsen die Wolkentropfen, indem sie zusammenstoßen und verschmelzen.
Schneefall wird ganz ähnlich ausgelöst wie Regen: durch

langsame Hebung der Luft oder kräftige Aufwärtsbewegung bei Temperaturen unter 0 Grad. Feine Eiskristalle entstehen in großen Höhen bei −12 bis −16 Grad C. Auf ihrem Weg durch die Wolken wachsen sie zu Schneesternen zusammen. Die einzelnen Schneekristalle können 1 bis 5 mm groß sein, und Schneesterne können sogar eine Größe von einigen Zentimetern haben. Fallen Schneekristalle oder Schneesterne durch einen Wolkenteil aus Wasser, frieren oft Wassertropfen an ihnen fest. Es entstehen feste runde Körner. Sind die Aufwinde in einer Wolke gering, entsteht Graupel. Bei starken Aufwinden dagegen, wenn die Eiskristalle lange in der Luft schweben, wachsen sie mit vielen Wassertropfen zusammen – es bildet sich Hagel. Hagelkörner können einen Durchmesser zwischen 5 und 50 mm haben und großen Schaden anrichten. Hagelunwetter sind aber räumlich begrenzt und dauern allgemein weniger als 15 Minuten.

Hagelkörner

Von Schneefegen oder Schneetreiben spricht man, wenn der Schnee bei starkem Wind (10 Meter/Sekunde) mannshoch aufgewirbelt wird, und die Sichtweite in Augenhöhe nur noch gering ist. Im Polargebiet kann Schneetreiben bei Sturm eine solche Dichte erreichen, daß die Sicht auf 5 bis 10 m und darunter sinkt.

Tau, Reif, Rauhreif und Glatteis

In wolkenarmen, windstillen Nächten kühlt der Erdboden und damit die benachbarte Luftschicht so stark ab, daß sich der Wasserdampf der Luft an Pflanzen und Gegenständen als Tropfen festsetzt. Das ist *Tau.* In den Trockengebieten der Erde ist der Tau oft über einen langen Zeitabschnitt des Jahres die einzige Wasserquelle für Pflanzen und Tiere.
Herrscht aber Frost, liegt die Temperatur der Luft und des Erdbodens also unter Null Grad, dann bildet sich *Reif.* Der Wasserdampf der Luft haftet in Form von Schuppen und Nadeln am Erdboden oder an Pflanzen. Besonders gefährdet sind exponierte Lagen, z. B. Brücken. Wenig beliebt ist der morgendliche Reif an den Windschutzscheiben der Autos.
In einem winterlichen Hoch mit einer Inversion – also

Rauhreif

neblig-trübem Wetter und hoher Luftfeuchtigkeit – kommt es zu *Rauhreif,* auch Rauhfrost genannt. Dünne Eisnadeln und Schuppen setzen sich an Gegenständen fest und wachsen dem Wind entgegen. Ganz besonders deutlich kann man Rauhreif in den Mittelgebirgen beobachten, wenn der Frost die Bäume mit Eisnadeln überzieht. Diese können so schwer werden, daß es zu Reifbruch, d. h. zum Abbrechen der Äste kommt. Reif kann zu glatten Straßen führen. Besonders gefährlich ist er, weil er nur stellenweise, also überraschend für den Verkehrsteilnehmer auftritt. Straßen und Gegenstände werden ganz plötzlich von einer Eisdecke überzogen, wenn Regen auf gefrorenen Erdboden fällt. Man spricht dann von *Glatteis.*
Besonders häufig gibt es Glatteis, wenn eine Warmfront ein winterliches Hoch ablöst und eine längere Kälteperiode beendet. Nieder-

schlag ist nicht die Voraussetzung für *Eisglätte.* Auch auf den Straßen vorhandenes Wasser kann plötzlich überfrieren, wenn die Temperatur unter den Gefrierpunkt sinkt.

Rechts: Eiskristalle an einer Windschutzscheibe.

Unten: Rauhreif

Wind und Seegang

Windstille

Luftströmungen interessieren den Meteorologen besonders. Unter Wind versteht man die horizontale Luftbewegung. Doch gibt es auch Luftströmungen in vertikaler Richtung. Sie sind vor allem für Wolkenbildung und -auflösung, Niederschlag und Gewitter verantwortlich.
Um den Wind zu bestimmen, gibt man zum einen die Richtung an, aus der er weht. Zum anderen ist die Windstärke, d. h. die Geschwindigkeit in Meter/Sekunde, in Kilometer/Stunde oder in Beaufort (s. vordere Umschlagklappe), von großem Interesse.
Messungen des Windes werden nicht nur am Erdboden durchgeführt, sondern auch in der freien Atmosphäre.

Rechte Seite: Sandribbel (oben links)
Windstärke 2 (oben rechts)
Windstärke 4 (unten)

Windstärke 8

Während in den untersten 1000 Metern die Bodenreibung eine wesentliche Rolle spielt, hängt der Wind über 1000 Meter in erster Linie von der Verteilung der warmen und kalten Luftmassen ab. Nun darf man den Wind aber nicht als gleichmäßige Bewegung der Luft ansehen. Mal wird die Windgeschwindigkeit größer, mal kleiner. Man berechnet darum einen mittleren Wert über einen Zeitabschnitt von 10 Minuten. Schwankt der Wind stark um diesen Mittelwert, dann spricht man von großer Böigkeit. Muß die Luft ein Hindernis überströmen oder fließt sie über eine sehr rauhe Oberfläche, so werden – je stärker der Wind ist – Wirbel ausgelöst, sogenannte Turbulenzen, verbunden mit Auf- und Abwinden. Auch in der freien Atmosphäre treten solche Wirbel auf. Beim Fliegen kann man sie manchmal spüren, wenn das Flugzeug plötzlich nach oben oder unten versetzt wird. Auch die

Windflüchter

Windrichtung schwankt ständig, und so wählt man ebenfalls einen Mittelwert der letzten 10 Minuten. Die vorherrschende Windrichtung in einer Landschaft – vor allem an der Küste – kann man oft an der Wuchsform der Bäume ablesen. Man nennt solche Bäume Windflüchter und das Phänomen Windschur. Die Äste wachsen in die Richtung, in die der Wind weht.
Vom Wind ausgelöst wird der Seegang. Die Bewegung des Wassers, die unmittelbar durch den Wind entsteht, heißt „Windsee". Es sind Oberflächenwellen des Meeres. Unter „Dünung" versteht man eine weitschwingende Wellenbewegung der Meeresoberfläche. Sie wird von Windzentren ausgelöst, wandert über große Entfernungen und hält oft nach Tagen noch an, obgleich der Wind schon aufgehört hat.
Die Stärke des Seegangs wird in einer zehnteiligen Skala angegeben.

Föhn

Stauwolken im Luv des Gebirges

Wenn sich der Luftströmung ein Hindernis in den Weg stellt, wird sie gezwungen, auszuweichen oder über das Hindernis hinwegzugleiten. Solche Hindernisse sind Gebirge überall auf der Welt. Wir Mitteleuropäer denken allerdings bei Föhn meist an die Alpen. Die Voraussetzung ist immer eine Strömung gegen das Gebirge, im Falle der Alpen eine Süd- oder Nordströmung. Das Gebirge zwingt die Luft aufzusteigen. Dabei kühlt sie sich ab (um etwa 0,6 Grad C pro 100 Meter), es bilden sich Wolken und Niederschlag. Auf der anderen Seite des Gebirges sinkt die Luft wieder ab. Die Wolken lösen sich auf. Die Luft hat erheblich an Feuchtigkeit verloren, es hat ja geregnet oder geschneit. Nun erwärmt sie sich beim Absinken um etwa 1 Grad pro 100 Meter.

Diese trockene, absteigende Luftströmung nennt man Föhn. Setzt Föhn ein, so kann die Temperatur in wenigen Stunden um 10 bis 20 Grad steigen. Dabei kann der Wind stürmisch von den Bergen in die Täler und in das Gebirgsvorland wehen. Man spricht dann von Föhnsturm. Die Luft ist trocken und klar und der Himmel tiefblau. Je höher das Gebirge ist, umso ausgeprägter sind die Föhnerscheinungen. Bei Beginn des Föhns sind oft linsenförmige Wolken zu beobachten, die sich schnell verändern und durch Wellenbewegungen der Luft verursacht werden. Diese Föhnwolken heißen auch Moaza-Gotls-Wolken. Und zwar nach dem Schlesischen Schäfer Gottlieb Matz, der sie im Riesengebirge beobachtete und zur Wettervorhersage benutzte. Auch im Mittelgebirge kann man Föhn beobachten, aber nur in einer abgeschwächten Form.

Auf der Luvseite des Gebirges, gegen die die Strömung gerichtet ist, herrschen bedeckter Himmel und Niederschlag, während auf der Leeseite die Sonne scheint, und es warm ist.

Bei den Wintersportlern ist der Föhn wenig beliebt, denn er läßt über Nacht den Schnee schmelzen. Bei Föhn können auch Gesundheitsstörungen auftreten. Allgemeine Symptome sind Reizbarkeit, Konzentrationsschwäche, Migräne und Schlafstörungen.

Linsenförmige Wolke im Lee des Gebirges (Cumulus lenticularis)

Windsysteme an der Küste und im Gebirge

An sonnigen Sommertagen – wenn Hochdruckgebiete das Wetter beherrschen – kann man an der Meeresküste Wind spüren, der am frühen Nachmittag vom Meer auf das Land weht und Kühlung bringt. Meist kann man kleine Quellwolken über Land beobachten. Im Laufe des Abends schläft der Wind ein, die Wolken lösen sich auf, und in der Nacht setzt dann eine umgekehrte Windströmung vom Land zum Meer ein. Sie erreicht ihr Maximum in den Morgenstunden und flaut dann ab. Man nennt diese kleinräumige Zirkulation *Land- und Seewind.* Sie ist typisch für die Küstenregion, tritt aber auch – allerdings in abgeschwächter Form – am Ufer großer Binnenseen auf.
Die Ursache für diese Zirkulation liegt in der unterschiedlichen Erwärmung von Land und Meer im Laufe des Tages. Im Wasser wird sehr schnell die von der Sonne aufgeheizte obere Schicht in tiefere Bereiche transportiert. Dagegen erwärmt sich die Luft über Land stärker und steigt auf. Es ist sozusagen über Land ein kleines Tiefdruckgebiet entstanden, das nun Luft vom Meer ansaugt. Umgekehrt kühlt sich das Land nachts stärker ab als das Wasser, und der Landwind sorgt für Ausgleich.
Sind die Temperaturen von Meer und Land gleich, ist es windstill.
Eine ganz ähnliche Erscheinung wie der Land- und Seewind an den Meeresküsten ist der *Berg- und Talwind.* Auch hier spielt unterschiedliche Erwärmung bei ruhigem, sonnigem Hochdruckwetter eine Rolle.
Am Vormittag setzt ein Talwind ein, d. h., der Wind weht vom Tal den Berg hinauf. Dabei bilden sich oft Quellwolken. Sie verschwinden aber am Nachmittag wieder, denn dann hört der Wind auf. In den Nachtstunden und am Morgen weht der Bergwind talwärts.
Diese Berg-Tal-Zirkulation hat ihre Ursache in der unterschiedlichen Erwärmung der Luft unmittelbar an den sonnenbeschienenen Berghängen und der Luft der freien Atmosphäre im gleichen Niveau. Nachts kühlt sich die Luft an den Berghängen stärker ab als die der Umgebung und sinkt zu Tal.
Der Berg- und Talwind erreicht nur selten mehr als 5 Meter pro Sekunde. Da Form, Bewuchs und Bebauung eine große Rolle spielen, kann die Berg-Tal-Windzirkulation örtlich unterschiedlich sein.

Bora, Mistral, Schirokko, Etesien und Blizzard

Im Winter ist an der Dalmatinischen Küste die Bora zu Hause. Sie ist ein kalter, böiger Fallwind. Die typische Luftdruckverteilung zur Ausbildung der Bora: Ein winterliches Hochdruckgebiet über dem Balkan angefüllt mit Kaltluft und ein Tiefdruckgebiet über der Adria. Mit einer nördlichen bis nordöstlichen Strömung saugt das Tief die kalte Festlandsluft an, die über die Gebirge auf die warme Adriaküste stürzt. Die föhnartige Erwärmung auf der Leeseite reicht nicht aus, um die Temperatur dieser Luft deutlich ansteigen zu lassen. Es wird berichtet, daß 1907 in Triest die Tempera-

Bora an der Dalmatinischen Küste

Verkarstung als Folge der Bora

tur in einer Stunde von + 4 Grad C auf – 13 Grad C sank und der Wind 8 Stunden lang mit einer Geschwindigkeit von 100 Kilometer/Stunde blies.

Der *Mistral* ist ein kalter, trokkener Nordwind an der südfranzösischen Küste, genauer im Mündungsgebiet der Rhône. Bei entsprechender Luftdruckverteilung verstärkt das Rhônetal den Nordwind wie eine Düse. Vor allem im Winter und Frühjahr können Windgeschwindigkeiten von 150 Kilometer/Stunde auftreten. Ausgelöst wird der Mistral häufig durch ein Tief bei Genua. Der Mistral sorgt meist für einen Kaltlufteinbruch ins westliche Mittelmeer.

Der *Schirokko* ist ein Südwind an der nordafrikanischen Küste, der vor allem im Frühjahr und Herbst auftritt. Er ist sehr heiß, trocken und staubbeladen, denn er entsteht in den Wüstengebieten Nordafrikas. Auf seinem

In Südfrankreich werden Äcker durch Zäune vor dem Mistral geschützt

Weg über das Mittelmeer nimmt die Luft viel Feuchtigkeit auf. So kann der Schirokko in den Mittelmeerländern starke Regenfälle bringen. Gelegentlich trägt er bis nach Mitteleuropa rötlichen Saharastaub.
Die *Etesien* sind Nord- bis Nordwestwinde, die von Mai bis Oktober über dem östlichen Mittelmeer, Griechenland und der Ägäis mit großer Regelmäßigkeit wehen. Sie sind trocken, relativ kühl und erreichen ihre größte Stärke am Nachmittag. Über dem Meer muß dabei sogar mit Sturm gerechnet werden.
Unter *Blizzard* versteht man einen Schneesturm in Nordamerika, der durch Kaltluftvorstöße aus Norden verursacht wird. Da keine quer stehenden Gebirge – wie bei uns die Alpen – diesen Vorstoß bremsen, kann die Kaltluft weit nach Süden bis zum Golf von Mexiko vordringen. Gelegentlich treten Blizzards auch in Mitteleuropa auf.

Hurrican und Taifun

Ein Hurrican ist ein Wirbelsturm der Tropen. Er tritt im Bereich der Karibik, der Westindischen Inseln und des Golfs von Mexiko auf. Er entsteht meist auf der Äquatorseite des subtropischen Hochdruckgürtels als Wellenstörung in der Passatströmung. Hurricane entwickeln sich immer über dem Meer, dabei muß die Wassertemperatur 26 bis 27 Grad betragen. Am häufigsten sind sie daher im Sommer und im Herbst, wenn das Wasser am wärmsten ist.

Ein typisches Merkmal des Hurricans ist das „Auge" im Zentrum mit einem Durchmesser von ungefähr 20 Kilometer, in dem der Wind nur schwach ist. Die Bewölkung ist gering, und es fällt kein Niederschlag. Am Rand des Auges türmen sich dagegen mächtige Wolken auf.

Der Durchmesser eines Hurri-

Links: Hurrican über dem Golf von Mexico, aufgenommen von der Raumfähre Discovery

Oben: Auswirkungen eines Hurricans, aufgenommen in Palm Beach

cans beträgt einige hundert Kilometer, und die Windgeschwindigkeit kann 200 Kilometer/Stunde und mehr erreichen. Über dem Meer können Hurricane längere Zeit bestehen. Beim Übertritt auf das Festland dagegen werden sie rasch schwächer. Wolkenbrüche, orkanartiger Wind und Sturmfluten richten verheerende Zerstörungen an. Auf ihrem weiteren Weg schwächen sie sich zu normalen Tiefdruckgebieten ab und ziehen in der Westwindzone bis nach Europa. Im westlichen Pazifik – Japan und an den Ost- und Südostküsten Asiens – gibt es ebenfalls tropische Wirbelstürme: die Taifune. Sie entstehen unter gleichen Bedingungen wie die Hurricane und lassen ebenfalls eine Schneise der Verwüstung und Überschwemmungen hinter sich.

Tromben und Tornado

An heißen Sommertagen kann man auf trockenem Sandboden manchmal kleine Luftsäulen beobachten, die sich um ihre eigene Achse drehen, Sand und Staub aufwirbeln, aber nur wenige Meter hoch sind und schnell wieder vergehen. Es sind kleine *Tromben,* man nennt sie auch Sand- oder Staubhosen oder Sand- und Staubteufel. Die Ursache ist eine starke lokale Überhitzung. Luft steigt unter Rotation vom Erdboden auf.

Großtromben dagegen entstehen nicht am Erdboden, sondern in höheren Luftschichten, in denen kräftige Aufwinde herrschen. Großtromben wachsen als trichter- oder schlauchförmige Gebil-

Oben: Sandhose

Rechts oben: Sandtrombe in der Sahara

Rechts: Tornado

de aus der Wolke heraus. Sie wirbeln Gegenstände (Windhose) oder Wasser (Wasserhose) empor und können beträchtlichen Schaden anrichten. Es treten Windgeschwindigkeiten über 200 Kilometer/Stunde auf. Der Durchmesser beträgt 100 bis 200 Meter, und die Lebensdauer einer Trombe liegt bei 10 bis 30 Minuten. Tromben legen meist nur einen Weg von einigen Kilometern zurück.

Tornados gehören ebenfalls zur Familie der Tromben, sind jedoch umfangreicher und wesentlich stärker: Es sind verheerende Wirbelstürme. Tornados entstehen meist im Mittleren Westen der USA, vor allem im Sommer an Kaltfronten. Und zwar, wenn trockenkalte Luft von den Rocky Mountains mit sehr warmer und feuchter Luft aus dem Golf von Mexiko zusammentrifft. Auch hier entsteht ein Aufwindschlauch, ein Rüssel, in dem Windgeschwindigkeiten von einigen Hundert Kilometer/Stunde auftreten können. Tornados können bis zu 300 Kilometer weit ziehen, im Mittel wandern sie jedoch nur 5 bis 10 Kilometer und vergehen dann wieder. Sie haben verheerende Wirkung und lassen eine Schneise der Verwüstung zurück. Bäume werden entwurzelt, Häuser zerstört und Autos durch die Luft gewirbelt. Die Schneise ist allerdings meist nur etwa 1 Kilometer breit.

Tornado, aufgenommen in Birmingham, Alabama

Gewitter

Gewitterwolke (Cumulonimbus)

Je stärker die Temperatur mit der Höhe abnimmt, um so rascher steigt die Luft bei entsprechenden Voraussetzungen aufwärts. Ist auch noch hohe Luftfeuchtigkeit vorhanden, entwickeln sich kräftige Quellwolken, sogenannte Cumulonimben, die bis zur Tropopause – in den Tropen also bis 16 Kilometer Höhe – reichen können.
Die Ursache für die Entwicklung eines Gewitters ist entweder eine starke Aufheizung der bodennahen Luftschicht – Wärmegewitter – oder die Hebung der Luft an Gebirgen oder Fronten, insbesondere an Kaltfronten. Im Jugendstadium herrschen starke Aufwinde in der Gewitterwolke mit einer Geschwindigkeit bis zu 20 Meter/Sekunde. Im Reifestadium entwickelt sich mit beginnender Eisbildung im oberen Teil der Wolke ein sogenann-

ter Gewitterschirm oder Amboß. Im Amboß sind die Wolkenteilchen vereist. Jetzt sind Aufwinde bis 30 Meter/Sekunde vorhanden, und es kommt zur Trennung von elektrischen Ladungen. Warum diese Ladungstrennung einsetzt, ist bis heute noch nicht befriedigend geklärt. In dem oberen Teil der Wolke ist die Ladung positiv, im unteren negativ. Gleichzeitig bildet sich verstärkt Niederschlag. Die an Größe und Menge zunehmenden Niederschlagsteilchen beginnen gegen den Aufwind zu fallen, es entwickeln sich Abwinde in der Wolke. Zusammen mit starken Niederschlägen erreichen sie den Erdboden und breiten sich dort seitwärts böenartig aus. In einer Gewitterwolke sind die Bedingungen für Hagel besonders günstig, da durch die starken Aufwinde Eiskristalle und Wassertröpfchen lange in der Luft schweben und zusammenwachsen können (siehe Seite 54). Blitz und Donner sind auf Seite 26 ausführlich beschrieben. Man kann an Cumulonimben häufig auch Böenwalzen beobachten. Das ist ein Luftwirbel mit einer horizontalen Achse, der rasch zieht und wie eine dunkle Walze aussieht. Bei Durchzug ist mit starken Böen, vielfach sogar mit Sturm zu rechnen. Vorboten eines Gewitters sind flockige (Altocumulus floccus, rechts oben) oder beutelförmige (mammatus, rechts unten) Wolken.

Böenwalze

Langfristige Vorhersage

Es ist verständlich, daß vielfach der Wunsch besteht, Wettervorhersagen für einen langen Zeitraum – einen Monat oder eine Jahreszeit – zu bekommen. Nicht nur, daß eine Getränkefirma sich rechtzeitig auf einen heißen Sommer einstellen möchte, jeder würde gerne seinen Urlaub für eine Zeit mit Sonne oder viel Schnee planen.
Aber – um es vorweg zu nehmen – langfristige Prognosen sind nicht möglich und werden auch nicht möglich sein. Dazu ist das Wettergeschehen viel zu kompliziert und von Zufällen abhängig. Alle veröffentlichten Langfristprognosen gehören in das Reich der Phantasie.
Im Mittelalter glaubte man nicht nur an den Einfluß der Gestirne auf das Schicksal des Menschen, sondern auch auf das Wetter. Man kannte damals fünf Planeten, Merkur, Venus, Mars, Jupiter und Saturn, und weil man die magische Zahl 7 schätzte, nahm man noch Sonne und Mond dazu.
Damals war man durchaus in der Lage, astronomische Ereignisse – Planetenstellungen, Finsternisse, Sonnenauf- und -untergänge etc. – zu berechnen. Also mußte, so nahm man an, auch das Wetter einem solchen Rhythmus unterliegen. Der „Hundertjährige Kalender" ist das Produkt dieses Glaubens. Der Abt Mauritius Knauer beobachtete 7 Jahre lang (1652–1658) das Wetter im Fränkischen und führte darüber ein Tagebuch. Wohl in der Hoffnung, daß jedes Jahr das Wetter von einem Planeten gesteuert und sich also alle 7 Jahre wiederholen würde. Als das 8. Jahr begann, merkte Knauer sofort, das Wetter hielt sich nicht daran, und er stellte seine Aufzeichnungen ein. Später fielen diese Notizen in die Hand des Arztes Hellwig aus Erfurt. Dieser gab für die Jahre 1701 bis 1800 einen Hundertjährigen Astrologischen Kalender heraus. Um die Sache noch interessanter zu machen, setzte er die Wetterbeobachtungen von Knauer ein. Alle 7 Jahre ließ Hellwig den Witterungsablauf sich wiederholen. Das Ganze kann man nur als Kuriosität bezeichnen.
Aus mittelalterlichen Irrungen heraus spukt heute noch in manchen Köpfen die Idee, der Mond habe Einfluß auf das Wetter. Wie könnte der Mond auf das Wetter wirken? Da er kein eigenes Licht aussendet – er reflektiert nur die Sonnenstrahlung – fällt er als Energiequelle praktisch aus. Es ist aber bekannt, daß Ebbe und Flut auf der Erde durch die Anziehungskraft des Mondes und der Sonne entstehen. Ist eine Gezeitenwirkung durch den Mond auf die Lufthülle der Er-

de möglich? Nun hängt die Anziehungskraft zweier Körper von ihren Massen ab. So kann der Mond längst nicht so stark auf die Atmosphäre einwirken wie auf das viel schwerere Wasser. Berechnungen haben eine Gezeitenwirkung von 0,1 Hektopascal ergeben. Da sind die täglichen Luftdruckschwankungen wesentlich größer. Sie können in Extremfällen durchaus 10 Hektopascal in 3 Stunden betragen! Aber die Ansicht, daß der Mond das Wetter beeinflussen würde, ist immer noch sehr verbreitet. Auch das Verhalten von Tieren wird oft zu langfristigen Vorhersagen herangezogen. Kurzfristige Wetteränderungen kann man sicher mit der Reaktion der Tiere in Verbindung bringen. Zieht ein Gewitter auf, wird jedes Tier ein schützendes Versteck suchen, weil sie frühzeitiger als wir Menschen auf die Zunahme von Luftfeuchtigkeit oder Luftdruckänderungen reagieren. Wir können aus der Beobachtung der Wolkenentwicklungen zu den gleichen Ergebnissen kommen! Warum ausgerechnet der Laubfrosch als Wetterprophet gilt, ist unbekannt. Bei Regen findet er seine Nahrung am Boden, wo sich die Insekten versteckt halten. Bei Sonne dagegen fliegen sie in

der Luft herum, und der Laubfrosch muß sich schon bemühen aufzusteigen, um sie zu fangen. Ähnlich ist es mit den Schwalben, die „niedrig fliegen, wenn Regen kommt". Langfristprognosen können aus dem Verhalten der Tiere nicht erstellt werden. So sammelt das fleißige Eichhörnchen nicht viele Nüsse, weil der Winter kalt wird, sondern weil der Sommer eine reiche Ernte an Nüssen beschert hat. – Auch die Zugvögel fliegen nicht vorzeitig fort, weil mit einem frühen Winter zu rechnen ist, sondern weil die diesjährige Brut kräftig genug zum Abflug ist. Der vergangene Sommer muß also für die Aufzucht der Jungen günstig gewesen sein. Auch hat die Statistik keinen schlagenden Beweis gebracht, daß der Witterungsablauf einer Jahreszeit Einfluß auf die folgenden Monate hat. „Auf einen kühlen Sommer folgt ein kalter Winter" hält keinen Untersuchungen stand. Und damit bringen auch die Bauernregeln kaum Erkenntnisse über die künftige Witterung. Sicher liegen ihnen Erfahrungen zu Grunde, die sich auf eine bestimmte Landschaft beziehen und nicht einfach auf einen anderen Ort übertragen werden können. Nehmen wir das bekannte Beispiel: „Ist der Mai kühl und naß, füllt es dem Bauern Scheune und Faß". Sicher wird genügend Regen im Frühjahr gute Voraussetzungen für das Wachstum bringen, aber sehr viel hängt auch davon ab, wie der Sommer verläuft und besonders beim Faß spielt doch wohl der Herbst eine wesentliche Rolle.

Wenig hilfreich sind auch sogenannte Lostage. Der bekannteste ist der 27. Juni, der „Siebenschläfer". Regnet es an diesem Tag, so soll es 7 Wochen so bleiben (da haben wir wieder die magische 7). Es regnet niemals 7 Wochen ohne Unterbrechung und erst recht nicht von der Küste bis zu den Alpen. Dieser Siebenschläferregel liegt aber sicher eine richtige Beobachtung zu Grunde. Hat sich Ende Juni, Anfang Juli eine für Mitteleuropa typische Westwetterlage eingestellt – Tiefdruckgebiete ziehen in rascher Folge vom Atlantik

zum Festland und werden nur kurz von kleinen Zwischenhochs unterbrochen – so hält sich dieses wechselhafte Wetter oft bis zum August.

Auch den sogenannten Eisheiligen, 12. bis 15. Mai (Pankratius, Servatius, Bonifatius und die kalte Sophie) liegt die richtige Beobachtung zu Grunde, daß im Mai durchaus noch Frost zu erwarten ist. Da die Natur jetzt besonders empfindlich ist, registriert man Kälteeinbrüche besonders. Bei Kaltlufteinbrüchen Mitte Juni spricht man von der Schafskälte, da Kälte und Regen für die geschorenen Schafe unangenehm sind.

Das sogenannte „Weihnachtstauwetter" ist ein Warmluftvorstoß meist kurz vor Weihnachten. Eine vorhandene Schneedecke verschwindet und damit die Aussicht auf weiße Weihnachten. In Süddeutschland – ohne Hochgebirge – sind im Durchschnitt von zehn Weihnachten drei weiß und sieben grün.

Kalt- und Warmluftvorstöße bestimmen das ganze Jahr unser Wetter. In unseren Vorstellungen paßt aber Kälte nicht in den Wonnemonat Mai und Wärme nicht zum Jahreswechsel!

Klima

Unter *Wetter* versteht man den augenblicklichen Zustand der Atmosphäre: es regnet, oder die Sonne scheint. Mit *Witterung* bezeichnet man den Wetterablauf über einen längeren Zeitraum: ein paar Tage bis zu mehreren Wochen.
Klima nennt man dagegen den mittleren Zustand meteorologischer Elemente – vor allem Temperatur und Niederschlag – an einem Ort oder in einem Gebiet über einen langen Zeitraum. Man orientiert sich an Mittelwerten, Veränderlichkeit meteorologischer Parameter, sowie Häufigkeit und Dauer von Ereignissen. Das Klima ist ein Produkt der Wechselwirkungen zwischen Luft, Wasser, Eis, Land und Mensch.
Das Klima ist in verschiedenen Gebieten der Erde recht unterschiedlich, man teilt die Erde daher in Klimazonen

ein (vgl. Umschlagklappe hinten). Diese entstehen vor allem dadurch, daß die Sonne die Erdoberfläche nicht über-

Passatbewölkung unter dem Pico de Teide, Kanarische Inseln

dort ist die Einstrahlung auf Grund des stets sehr hohen Sonnenstands am kräftigsten. Die Luft wird sehr stark erwärmt und steigt auf, Wolken bilden sich, es regnet, und Gewitter sorgen für Wolkenbrüche. Der Luftdruck ist

all gleichmäßig mit Energie versorgt.

Tropen und Subtropen

Am intensivsten scheint die Sonne am Äquator. Dort zwischen etwa 24 Grad nördlicher und 24 Grad südlicher Breite liegen die Tropen. Man unterscheidet die inneren Tropen (10 Grad nördlicher bis 10 Grad südlicher Breite) und die äußeren. Über den inneren Tropen steht die Sonne zweimal im Jahr senkrecht am Himmel,

verhältnismäßig niedrig. Der Aufwärtsstrom der Warmluft reicht bis zur Tropopause in etwa 16 Kilometer Höhe, dann fließt die Luft polwärts. Zwischen 20 und 40 Grad nördlicher oder südlicher Breite sinkt sie wieder ab, erwärmt sich, und die Bewölkung ist nur gering. In diesem Bereich – den Subtropen – befindet sich eine Zone beständiger Hochdruckgebiete. Es regnet kaum, daher liegen dort die größten Wüsten dieser Erde.
Auf den Weltmeeren ist in

diesem Hochdruckgürtel der Wind nur schwach, es sind die sogenannten Roßbreiten. Sie waren bei den Seefahrern in früheren Jahrhunderten sehr gefürchtet, weil sie dann mit ihren Segelschiffen nur langsam voran kamen. Der Name rührt von den Verlusten an Pferden her, die auf den langen Seereisen nach Südamerika zugrunde gingen, weil es an Trinkwasser fehlte.

Zwischen der Tiefdruckrinne am Äquator und den Hochdruckgebieten der Subtropen weht der Nordostpassat, ein Bereich anhaltender Nordostwinde (auf der Südhalbkugel der Südostpassat). Diese beständigen Windsysteme wußten die ersten Weltumsegler schon zu nutzen. Typisch für die Passatregion auf dem Meer ist, daß dort meist eine flache, dichte Cumulus-Wolkenschicht den Himmel bedeckt. Man spricht direkt von Passatbewölkung. Die Ursache ist eine Inversion (eine Tempera-

Tropischer Regenwald, Costa Rica

turumkehrschicht) in 500 bis 2000 Metern Höhe.
Wie ist nun die Wechselwirkung zwischen Klima und Vegetation in den Tropen und Subtropen?
In den Tropen – sie umfassen etwa 40 % der gesamten Erdoberfläche – schwankt die Temperatur im Laufe eines Jahres nur wenig, und der Niederschlag fällt nicht überall gleichmäßig. Die inneren Tropen haben die größten Niederschlagsmengen: stellenweise über 2 Meter pro Jahr. Es regnet das ganze Jahr über ohne eine ausgeprägte Trockenzeit dazwischen. Dort wachsen die tropischen Regenwälder.
Diese Regenwälder spielen nicht nur in den Tropen, sondern auch im gesamten Weltklima eine wichtige Rolle. Ihre Zerstörung durch Abholzung und Brandrodung bewirkt eine enorme Zunahme an Kohlendioxid in der Atmosphäre: einmal durch die Verbrennung des Holzes, zum anderen wird dann kein Kohlendioxid mehr zum Wachsen der Bäume verbraucht.

Außerdem wird der Niederschlagshaushalt verändert. Die Bodenqualität des Tropenwaldes eignet sich nur sehr kurzzeitig für landwirtschaftliche Nutzung. Der Erdboden ist allgemein extrem nährstoffarm und ist auch nicht in der Lage, Nährstoffe zu speichern. Daher ist auch mit sehr viel Düngemitteleinsatz landwirtschaftliche Nutzung für längere Zeit nicht möglich. Die starken tropischen Regenfälle bewirken außerdem eine schnelle Bodenerosion.

Savanne am Ayers Rock, Australien

Rechts oben: Sahara

Rechts: Steinzeichnung am Südrand der Sahara

In den letzten 30 Jahren wurde bereits die Hälfte des Weltbestandes an Regenwald vernichtet.
Zwischen den inneren Tropen und den Wüstengebieten liegen die wechselfeuchten Tropen, die Savannen. Die Sommerniederschläge lassen Steppen oder lichten Wald zu. Im Winterhalbjahr

Wasserstelle im Krüger-Nationalpark, Südafrika

herrscht Trockenheit. Landwirtschaftliche Nutzung ist nur extensiv möglich. Ein schreckliches Beispiel für Überweidung und falschen Ackerbau ist die Sahelzone. In den Wüsten der Subtropen fällt nur selten etwas Niederschlag, und nur wenige Pflanzen und Tiere haben sich den extrem lebensfeindlichen Bedingungen angepaßt. Die Temperatur schwankt zwischen Tag und Nacht sehr stark. Während es am Tag unerträglich heiß ist, kann es in den Nachtstunden durchaus Frost geben. Wissenschaftliche Untersuchungen haben ergeben, daß sich die Wüsten ausdehnen. Ein Hinweis darauf sind z. B. Steinzeichnungen am Rand der Sahara von Tieren, die in dieser Gegend längst nicht mehr existieren können.

Monsun

Der Monsun ist eine Luftströmung in den Tropen und

Sommermonsun erreicht Himalajaberge

Subtropen, die ganze Kontinente erfaßt und einen halbjährigen Richtungswechsel hat. Der Grund für diesen ständig wehenden Wind ist, wie beim Land- und Seewind (S. 64), die unterschiedliche Erwärmung von Land und Meer. Besonders ausgeprägt ist der Monsun in Süd- und Südostasien, z. B. in Indien. Im Sommer wird der asiatische Kontinent stark aufgeheizt, wesentlich stärker als der vorgelagerte Indische Ozean. Die Luft steigt über dem Festland auf, und es entsteht eine Strömung vom Meer zum Land. Sie führt viel Feuchtigkeit mit sich, denn die Temperatur der Luft ist hoch. Im Norden schneiden die Berge des Himalaja den Wolken den Weg nach China ab. Die Folge sind enorme Niederschlagsmengen in den Regionen davor. In Cherrapunji fallen in den Monsunmonaten 11 Meter Regen (in Frankfurt/Main pro Jahr etwa

Arktische Tundra

0,6 Meter). Im Winter weht der Monsun vom Land zum Meer.

Polargebiet und subpolare Zonen

An den Polen der Erde liegen oft Hochdruckgebiete. Das Klima im Polarbereich wird durch Eis und Schnee geprägt. Typisch sind sehr lange und kalte Winter. Am Pol geht ein halbes Jahr die Sonne nicht auf, und in der Nähe des Südpols werden unter – 90 Grad C gemessen. Auch im Sommer bleibt die Temperatur unter 0 Grad, die Niederschläge fallen als Schnee, und eine ständige Bodeninversion sorgt für Nebel (s. S. 35). Am Rand des Polarhochs herrschen schwache Ostwinde. Die subpolare Zone ist der Übergangsbereich vom arktischen Klima des Polargebietes zum gemäßigten Klima der mittleren Breiten. Die Winter sind lang und die

Oben: Mitternachtssonne in Norwegen

Rechts: Eis in der Arktis

Sommer nur kurz. Es fällt wenig Niederschlag, denn hier lösen sich die alten, nur noch aus Kaltluft bestehenden Tiefdruckgebiete auf. Der Erdboden ist fast immer gefroren, und die Mitteltemperatur des wärmsten Monats beträgt höchstens 10 Grad. Die typische Vegetationsform ist die Tundra: eine baumlose Steppe. Obgleich im Sommer der Tag sehr lang ist, wird die von der Sonne eingestrahlte Energie vor allem zum Schmelzen von Eis und Schnee verbraucht. Nur dort, wo der Erdboden der niedrig stehenden Sonne zugeneigt ist, taut er oberflächig auf.

Gemäßigte Zone der mittleren Breiten

Diese Zone hat für das Leben die günstigsten Klimabedingungen der Erde.
Die polaren Luftmassen stoßen – abhängig von der Jahreszeit – weit nach Süden (auf der Südhalbkugel nach Norden) vor und treffen auf wärmere subtropische Luft.
In der Grenzzone zwischen beiden Luftmassen entstehen Tiefdruckgebiete mit ihren Wetterfronten und Hebungsvorgängen. Sie wandern meist von West nach Ost, da an der Nordflanke der subtropischen Hochdruckgebiete Westwinde wehen.
Für das Wetter in Europa spielen vor allem das Azorenhoch – ein Teil des subtropischen Hochdruckgürtels – und das Islandtief eine besondere Rolle.
In Mitteleuropa leben wir in der gemäßigten Zone mit ausreichend Niederschlag zu allen Jahreszeiten unter dem ständigen, raschen Wechsel von Hoch- und Tiefdruckgebieten und damit abwechselnd im Bereich kalter Luft aus Norden und warmer aus Süden. Die Voraussetzungen für Ackerbau und Viehzucht sind ausgezeichnet.
Es gibt auch eine Übergangszone zwischen den gemäßigten Breiten und den Subtropen. Im Sommer ist es dort warm und trocken, im Winter reichen die Niederschläge der mittleren Breiten bis in dieses Gebiet. Typische Beispiele sind das Mittelmeer-

Flußnebel

Im Mittelmeerraum müssen die Felder meist künstlich bewässert werden. Die Energie dafür wird zum Teil mit Windmühlen gewonnen, wie hier auf Zypern

gebiet und die großen Getreideanbaugebiete im Süden der USA. Die Landwirtschaft dort kann im Sommer nur mit künstlicher Bewässerung betrieben werden.
Ganz so schematisch, wie eben geschildert, verhält sich das Klima in den einzelnen Regionen der Erde nicht. Da sind vor allem die Meeresströmungen, die besondere Klimaauswirkungen haben.
So verdanken wir unser mildes Klima dem Golfstrom, denn wenn Kaltluft aus dem Polargebiet von Nordwesten nach Mitteleuropa fließt, erwärmt sie sich über dem warmen Wasser. Ganz anders in Südwestafrika. Der Benguelastrom fließt mit kaltem Auftriebswasser an der afrikanischen Küste nach Norden. So ist auch die Luft kalt und kann nur wenig Feuchtigkeit aufnehmen. Die Folge sind Wüstengebiete unmittelbar an der Westküste Südafrikas.

Der Mensch und das Klima der Erde

Am Beispiel der Mittelmeerregion kann man deutlich sehen, welche Folgen massive Eingriffe des Menschen in den Naturhaushalt haben. Südeuropa muß im Sommer, da es dort trocken und warm ist, den Subtropen zugerechnet werden. Trotzdem hatten dort in vorgeschichtlicher Zeit Wälder wachsen können, die aus Pflanzenarten bestanden, die sich den klimatischen Bedingungen angepaßt und Verdunstungsschutz entwickelt hatten. Vor etwa zweitausend Jahren wurden die Wälder dem Schiffbau geopfert und auf Grund von Überweidung durch Ziegen weitgehend zerstört. Das hatte eine deutliche Absenkung des Grundwassers zur Folge. Eine inten-

sive Aufforstung in dieser so labilen Klimaübergangszone ist unwahrscheinlich. Die Folge sind Erosion (rechts) und verheerende Überschwemmungen (links) bei starken Regenfällen.
Seit vielen Jahren warnen die Klimatologen vor den Folgen der Zunahme des Kohlendioxids in der Atmosphäre, dem sogenannten Treibhauseffekt. Das Spurengas Kohlendioxid – eine ganze Reihe von anderen Gasen verhält sich ähnlich – hat die Eigenschaft, die Sonnenstrahlen ungehindert zum Erdboden vordringen zu lassen, fängt aber wie eine Glasscheibe einen Teil der langwelligen, sogenannten Wärmestrahlung, die von der Erdoberfläche wieder in den Weltraum zurückgeht, ab. Das bedeutet eine langsame Erwärmung der Atmosphäre. Die Folgen eines solchen schleichenden Anstiegs der Temperatur sind nur schwer abzuschätzen.
Man vermutet: Wüsten und Trockenzonen dehnen sich aus. Besonders betroffen sind die labilen Übergangsgebiete.
Der Meeresspiegel steigt, da das Volumen des Wassers bei Temperaturerhöhung größer wird und ein Teil des Festlandeises abschmelzen kann. Überflutungen von Küsten wären die Folge. Außerdem dringt Salzwasser mehr und mehr in die Deltas der Flüsse ein.
Im Winter schneit es nicht mehr so viel, und damit wird in den Bergen weniger Niederschlag bis weit in den Sommer hinein als Schnee gebunden. Die Folge wäre ein niedriger Wasserstand der Flüsse.
In vielen Bereichen ist der Schaden, den die Menschen

der Umwelt zugefügt haben, nicht mehr ungeschehen zu machen. Tiere und Pflanzen, die ausgestorben sind, können nicht mehr zum Leben erweckt werden. Nur, wenn jeder – und hier sind besonders die Industrienationen gefordert – sich der Verantwortung gegenüber der Umwelt bewußt ist und danach handelt, hat unser blauer Planet noch eine Chance, auch für spätere Generationen von Menschen, Tieren und Pflanzen ein Lebensraum zu sein.

Register

Mit 88 Farbfotos: Deutscher Wetterdienst 1 (S. 7), ESA, bearbeitet vom ZDF, Wetterredaktion 6 (S. 29, 31, 32, 38, 46, 47), Hoffmann 7 (S. 17, 21, 23u., 27, 71 u., 77, 89o.), Pott 2 (S. 88, 89u.), Reinhard 2 (S. 78, 84), Schneiders 1 (S. 2/3), H. Simonis 7 (S. 12, 20, 22, 62, 65, 66, 79), U.S. Information Service 3 (S. 68, 69, 72), Chr. Wege 3 (S. 71o., 85), Wothe 2 (S. 82, 83) und R. Simonis (alle anderen), sowie 8 Grafiken von B. Zwickel-Noelle, davon S. 40 nach *Meyers Kleines Lexikon – Meteorologie,* Bibliographisches Institut & F. A. Brockhaus AG, und hintere Umschlagklappe aus *Der Treibhauseffekt* von Schönwiese u. Diekmann, DVA, mit freundlicher Genehmigung der Verlage.

Umschlag von Jürgen Reichert, Stuttgart, unter Verwendung dreier Aufnahmen von Silvestris/Wahl (Vorderseite), Hoffmann (Rückseite, Gewitter) und R. Simonis (Rückseite, Regenbogen).

Die Deutsche Bibliothek -
CIP-Einheitsaufnahme

Wege, Karla:
Wetter / Karla Wege. - Stuttgart :
Franckh-Kosmos, 1992
(Kosmos Naturführer)
ISBN 3-440-06404-2

© 1992, Franckh-Kosmos
Verlags-GmbH & Co.,
Stuttgart
Alle Rechte vorbehalten
ISBN 3-440-06404-2
Lektorat: Rainer Gerstle, Iris Kick
Grundlayout: Jürgen Reichert
Herstellung: Lilo Pabel
Printed in Italy/Imprimé en Italie
Satz: Kittelberger, Reutlingen
Reproduktion: Repro GmbH, Fellbach
Druck: Printers, Trento

Weiterführende Literatur

Liljequist / Cehak: **Allgemeine Meteorologie**. Vieweg, Braunschweig / Wiesbaden.

Reichholf: **Der unersetzbare Dschungel**. BLV, München, Wien, Zürich.

Deutscher Wetterdienst: **Berichte**. Reihe von wissenschaftlichen Veröffentlichungen über Gebiete der Meteorologie. Selbstverlag des Deutschen Wetterdienstes, Offenbach am Main.

Schönwiese / Diekmann: **Der Treibhauseffekt**. DVA, Stuttgart

Graßl / Klingholz: **Wir Klimamacher**. S. Fischer Verlag, Frankfurt / Main.

Meyers kleines Lexikon – Meteorologie. Meyers Lexikonverlag, Mannheim, Wien, Zürich.

Walch / Neukamp: **Wolken Wetter**. Gräfe und Unzer, München.

Roth: **Wetterkunde für Alle**. BLV, München, Wien, Zürich.